写给中小学生的

法布尔昆虫记

第 **5** 卷
恋爱中的螳螂

（法）法布尔（Fabre, J.H.） 著

余继山 编译

上海科学普及出版社

图书在版编目（CIP）数据

写给中小学生的法布尔昆虫记 . 第五卷，恋爱中的螳螂 /（法）法布尔

（Fabre，J.H.）著；余继山编译 . — 上海：上海科学普及出版社，2017.5

ISBN 978-7-5427-6839-1

Ⅰ . ①写… Ⅱ . ①余… Ⅲ . ①昆虫学—少儿读物 Ⅳ . ① Q96-49

中国版本图书馆 CIP 数据核字 (2016) 第 257797 号

责任编辑　刘湘雯

写给中小学生的法布尔昆虫记

第五卷　恋爱中的螳螂

（法）法布尔（Fabre，J.H.）著

余继山 编译

上海科学普及出版社出版发行

（上海中山北路 832 号 邮编 200070）

http://www.pspsh.com

各地新华书店经销　三河市同力彩印有限公司

开本 787×1092 1/16 印张 11.25 字数 210 000

2017 年 5 月第 1 版　2017 年 5 月第 1 次印刷

ISBN 978-7-5427-6839-1　定价：28.00 元

前　言

　　《昆虫记》是法国著名昆虫学家、科普作家法布尔的代表作。法布尔从小就对自然界和昆虫世界表现出了浓厚的兴趣，立志做一个为昆虫写历史的人。他经过20多年的观察研究和资料搜集，将昆虫的专业知识与人文情怀结合在一起，最终写成了昆虫的史诗《昆虫记》。

　　《昆虫记》全书共分为10卷，概括性地阐述了各类昆虫的种类、特征、生活习性及生殖繁衍情况。书中，作者将自己的人生经历与纷繁复杂的昆虫世界联系在一起，用清新自然、诙谐幽默的语调，向读者讲述了一个又一个关于昆虫的故事，内容不仅包含丰富的知识性，并且极具趣味，是一部不可多得的长篇科普文学巨著。

　　法布尔在描述昆虫时，常常用人性的眼光去看待它们，评判它们，内容充满着哲学意味的思考，字里行间透露出对生命的尊重与热爱。作者在讲述昆虫筑巢、觅食、工作、交配、生殖繁衍等生命活动时，常常浸透着人性的思考。通过阅读这套书，小读者不仅可以读到一个妙趣横生的昆虫世界，而且能通过对这些现象的了解，探究到昆虫背后的秘密，解开一个又一个有关昆虫的谜团。

　　本套丛书是专门为中小学生打造的，在充分尊重原著的基础上，用流畅、通俗易懂的语言向小读者们讲述了各种昆虫趣事，使小读者们能够无障碍地进行阅读。书中还配有大量精美的昆虫插图及活泼俏皮的文字解说，辅助小读者更好地理解其中的内容。现在，让我们一起走进法布尔笔下的神奇昆虫世界，去体会和了解这个不一样的，充满奥秘的世界吧。

目录
contents

第二章
食粪虫的聚集——蜣螂家族

第三章
华丽的贵族——粪金龟

第四章
有趣的昆虫故事——蝉与蚂蚁

第五章
昆虫冠军——螳螂

第一章

大自然的艺术家

——圣甲虫

昆虫档案

昆虫名：圣甲虫

英文名：dung，chafer 或 tumblebug

绰　号：屎壳郎，推粪虫，粪球虫等

身世背景：属于金龟子科，起源于 3.5 亿年前，是一种非常古老的昆虫

生活习性：生活在草原、高山、沙漠等地，经常出现在有动物粪便的地方

喜　好：清理和收集粪便

其他作用：可作药用

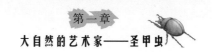
 圣甲虫与它的粪球

在形形色色的昆虫中，圣甲虫以它独特的觅食方式和进食习惯被人们所熟知。人们常常能在新鲜粪便的不远处发现它们成群结队的身影，尤其是它们那光滑坚硬的外壳，更是突出。

圣甲虫独特的觅食和进食习惯注定了它们一生忙碌。它们通常生活在草原、高山、沙漠以及丛林处，习惯躲避在地下的某个角落里稍作休息。当它们感应到粪便的气息时，身上那些红棕色的触角便会舒展开来，不停抖动，这是它们发现食物的独特信号。圣甲虫的嗅觉十分灵敏，当一团新鲜的粪便出现在某个地方时，成群结队的圣甲虫会立马赶过去搜集食物，就像是突然间凭空冒出的一样。灵敏的嗅觉是它们最好的引导

圣甲虫生活在草原、高山和沙漠等地方，
经常出现在有动物粪便之处。

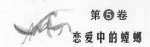
者，当圣甲虫们还在地底沉睡着时，它们也能敏感地察觉到粪便的气息，在闻到这种味道的第一时间清醒过来，扭动身躯冲出泥土层，飞快地赶向粪便的所在地。

虽然身躯微小，看上去弱不禁风，可是圣甲虫的觅食工具可以说是一应俱全，能够轻松地完成收集、碾压、挖掘等各种动作，并且做得十分完美。它们通体漆黑，身披一层威风凛凛的坚硬盔甲，头上有一个半圆形的突起"齿轮"。其实，这个"齿轮"是它用来挖掘和削剔粪便、泥土的工具。很多时候，它也可以将食物中那些不能食用或难以下咽的东西一一剔除，使自己觅到的食物更加完美，也有利于搬运。

通常，圣甲虫的目标都是那些外表呈球形的新鲜粪便，找到目标后，它便会前后腿并用，一边用"齿轮"剔除着那些不可消化的杂物，一边用细长弯曲的两条前腿努力地收集着合意的材料，同时用有力的后腿将收集到的材料不停地合拢。它们的肢体灵活地运动着，不停处理着粪便。不多时，一个足以令它满意的粪球便出现在了眼前。它们最喜欢那些外表圆润、质地坚硬的粪块，用腿脚将四周散落的粪便一点一点叠加、涂抹在粪块上，最后滚搓成一个大小适中的粪球。

瞧，一只圣甲虫正用有力的后腿将收集到的粪便不停合拢，滚成自己满意的球形体。

在制作粪球的过程中，圣甲虫们绝不会脱离身下的食物，它们就像一个不停活动着的圆规，总能灵巧而迅速地找到粪球的中心点，紧紧地贴在粪球的表面，可肢体却丝毫不受影响地滚动着粪球，在不停旋转的过程中来得到一个完美的战利品。它们动作飞快，千千万万的圣甲虫们每天以惊人的速度收集着数百万吨以上的粪便，被誉为大自然的垃圾清理者。

制作完美味后，圣甲虫并不着急当场享用，而是先要想办法将食物运送到安全的地方。它们用身子固定住身下的粪球，牢牢抱住粪球，翻滚着推动粪球，有条不紊地将食物运送到安全的地方，再来慢慢享用。

令人惊奇的是，这种身体娇小的昆虫却是个十足的"大胃王"，消化系统也出奇地好。通常它们对食物的需要是欲求不满的，总是会不停地吃着储存的食物，直到将食物完全消化掉，才会继续寻找新的食物。更加惊人的是，它们消化食物的速度非常快，在进食的同时，它们竟然

圣甲虫们每天都以惊人的
速度收集着数百万吨以上
的粪便，被誉为大自然的
垃圾清理者。

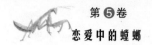
就可以把东西消化掉，并从体内排泄出来。圣甲虫的进食和排泄是同时进行的，由此可见，它们的消化功能和肠胃的承受能力是多么强大啊。况且它们的排泄时间也十分有规律呢，这实在是令人吃惊。这个小小的昆虫，只要有足够的食物摆放在它面前，它竟然可以一刻不停地进食，同时还能消化排泄。它们那大快朵颐、无忧无虑的模样，真是让人瞠目结舌。圣甲虫之所以会选择粪便作为自己的主要食物，或许也是因为独特的肠胃。许多动物固定而有限的消化系统便限制了它们的饮食量，而圣甲虫虽然没有惊人的胃口，却依仗着惊人的消化能力，吃下数量众多的粪便，这也是它们的独特性之一。

可是圣甲虫要满足自己这种惊人的进食欲也并不是一件容易的事情，通常它们之间也会因为一团粪便而发生争斗。这样的情况还不在少数呢，譬如一只滚动着粪团的甲壳虫经常会被另一只拦路而出的不速之客给拦下，并飞快地将其劳动成果抢夺而去，就算两方经历过一场激烈的战斗，通常前者的食物也会落到对方的手中，只能再次寻找粪便并继续劳动。

所以，每一只携带粪球的圣甲虫都会时刻提高警惕，防止自己的食物被对手抢走，最后落得两手空空。许多圣甲虫会寻找"搭档"来一起采集食物，即使这样，它们还是可能会遇到很多始料不及的情况。那些一同工作的搭档们，有很多竟然会在工作完成的同时，趁着对方的防备不足，出其不意，哪怕一个小小的分神，就独吞了二人共同完成的劳动结果，实在令人啼笑皆非！通过这件小事我们也能看出，这就是任何条件下都要遵循的弱肉强食法则呀，就连这样卑微的小小圣甲虫，也难免被强者欺负，失去辛辛苦苦的劳动成果，所以每只圣甲虫匆匆忙碌着的原因可能不仅仅是满足它们惊人的胃口，更是为了自己以后的生活可以免受饥饿之苦。

千万不要以为每天与粪便接触的圣甲虫是没有头脑的蠢笨家伙，它们选择的住所和用餐的地点便决定了它们拥有着相当的智慧。通常，圣甲虫的居住和用餐点都是在牛羊或骡子排泄粪便的近处，每当这些牲口拉下粪便后，信号传达到圣甲虫的触角，它们就会以最快的速度赶去那里并开始制作粪团，要是去晚了，食物可能早就被其他圣甲虫抢走啦。选择这样的地点也更利于食物的运输和囤积，毕竟跟随着这些随时会排泄的哺乳动物们，不就等于跟随着一座可移动的巨大粮仓吗？这样看来，圣甲虫的智慧真的是不可小觑。

古埃及时，圣甲虫被埃及人所尊崇。通常，法老死后，他们的心脏会被挖出来，重新嵌入一颗镶满圣甲虫的石头，以示新生，因为在古埃及人的意识里，圣甲虫代表了太阳和重生的生命，这听起来似乎有些荒谬，可这并不是毫无根据的。圣甲虫对太阳和强烈的光线似乎真的有着超乎寻常的喜爱，它们的觅食地点和搬运路线都离不开阳光，很多时候，人们都可以看到这些小家伙推着一团团圆滚滚的粪球，不停地忙碌着，那坚硬的外壳在阳光下闪闪发亮。而它们所选择的最佳食物，通常也是温暖的、冒着热气的新鲜粪便。可是，这样的习惯却注定它们另一方面的不幸——每天在这样强光的环境下行动，所有的一切都被别人看得一清二楚，这更加方便了同族之间抢夺食物，也使它们之间的竞争越来越激烈，这或许也是

聪明的圣甲虫知道"近水楼台先得月"，经常选择在牛羊排泄粪便的近处居住和用餐。

它们无可避免的悲剧之一，倘若它们喜爱生活在阴暗无光的环境下，那么它们的忙碌结果就不会被同类无情地抢夺了吧。

当然，为了适应环境生存下来，圣甲虫练就了不凡的本领。虽然一部分圣甲虫大多数时候只是憩息在自己的"屋子"中，等待粪便传来的独特信号，但也有一些圣甲虫竟然依附在动物的皮毛之上，静静地藏在动物的身上，等待着动物们的排泄机会。当一些哺乳动物消化完成，排泄出了散发着热气的粪便时，那些依附在它们身上的圣甲虫便会毫不犹豫地扑向那团粪便，并开始了自己忙碌的加工工作。

我想，圣甲虫之所以如此疯狂地寻找食物、抢夺食物甚至疯狂地进食，

一只圣甲虫忘情地扑入土中，正在
忙碌地工作着。

大概是严峻的生活环境造成的吧。这种生活环境给它们造成了难以磨灭的
深刻影响，使它们形成了现在的习惯。很多时候，虽然它们一直在为准备
食物而忙碌地奔走着，可依然避免不了被同类抢夺劳动成果的悲惨命运，
或许这也是它们无尽的贪婪和惊人的食量所造就的，毕竟它们对粪便的渴
望似乎是永无止境的，所以便下意识地认为越多越好，更是不管这东西是
别人如何努力找寻来的，只要可以送入自己的口中，满足自己的食欲，似
乎就得将它抢过来一般。

 ## 圣甲虫的"艺术品"

我请了一个牧羊的小伙子帮我盯着圣甲虫的活动。

在六月下旬的一个周末，这位小伙子跑来找我。原来，他在牧羊时，
无意中发现了圣甲虫从地下出来，而且，他还在圣甲虫出来的地方挖到了
一个奇怪的东西。

小伙子将那个东西拿给我看，那是一个褐色的小东西，好像一颗熟

透了却已经失去新鲜色泽的迷你小梨。"小梨"漂亮极了，就像人们给孩子买的梨形玩具。

　　我在怀疑，这颗"小梨"会是圣甲虫的作品吗？里面是不是有着卵或者幼虫？牧羊小伙对我说，他在挖的时候，不小心压碎了其中的一颗"小梨"，那里面有一枚麦粒大小的白色的卵。可我现在并不打算将这颗"小梨"剖开，因为如果小伙子说得是真的，我冒失地将"小梨"剖开，那里面的胚胎会受到伤害的。

　　还有一点就是，"小梨"与我所收集的资料并不相符，我收集的资料上说，圣甲虫的作品应该是圆形的。或许这只是个偶然现象吧。现在我要如何处理这个可能是偶然出现的东西呢？最终，我打算将它原模原样保存起来，去实地观察和了解情况。

　　第二天一大早，我早早地和小伙子上了山，开始了搜寻工作。

　　不久，我们就发现了一个刚盖好不久的圣甲虫洞穴。为了能更好地观察到被铲开的地下居所的模样，我将小铲子递给了小伙子。然后，我就赶紧趴在地上，目不转睛地看着小伙子一点点用小铲子挖开洞穴。

　　过了一会儿，我们成功地将洞穴打开了，在那个半开的湿热地道中，我找到一颗完好的"小梨"。我的心情激动极了，这是我第一次发现圣甲虫母亲的作品。之后，我们又在第二个巢穴里发现了另一个一样的"小梨"。而且，我还看到圣甲虫母亲就待在"小梨"的旁边，慈祥地抱着"小梨"。就在这一刻，我所有的怀疑都不见了，"小梨"就是圣甲虫的劳动成果。

圣甲虫母亲就待在一堆梨形的东西旁边，
爱怜地抱着自己的杰作。

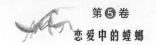

我利用剩下的时间，寻找到了一些"小梨"，大多形状也都差不多。

在后来的时间里，我经常去那些有着圣甲虫的地方，并且不停地探索着，最终得到了一些我想要的资料。

从外面可以看到，圣甲虫的洞穴外有一个多出来的小土丘，在离那个地方十厘米左右处有一个敞开的洞，它通向一个大约拳头大小的宽敞大厅，这个客厅就是卵的地下室。在这个离地面很近的地方，灼热的太阳将卵孵化出来。圣甲虫母亲们在这上面自由地活动着。

这食物的形状很容易让人想象到小梨，它呈水平方向躺着，而且大小的变化范围也不是非常明显，最大的长为45毫米，宽为35毫米；最小的长为35毫米，宽为28毫米。

"小梨"不像大理石表面那样光滑，可是表面却非常匀称，看得出来是被仔细打磨过的，刚完成不久的"小梨"非常柔软，后来由于干燥就有了一层坚硬的皮，像是木头一样。这层皮就是将圣甲虫与外面的世界隔离开来的保护层，让幼虫们安静地享受它们的食物。可要是干燥过头，扩散到中心就危险了。

圣甲虫所加工的"面团"并不是由骡、马所提供的。对圣甲虫自己来说，那种粗糙的面团就已经可以满足它们的要求了。但是如果要满足后代的话，它们就会更挑剔一些。那些供应物都是柔软且富有营养的上等食物，并不是一条条干瘪的黑橄榄。它们为自己的后代所选择的专用面团，与马粪中的粗纤维产品并不相同，是既有营养又细腻柔软的高级食物。因为面团油腻而有黏性，所以才能被圣甲虫母亲们加工成那样完美的艺术品。这样的食物食用质量非常不错，它能够满足新生儿那脆弱的胃。

梨形食品的体积为什么会很小？我一直对这个新发现的物品保持着怀疑的态度，直到我在幼虫的食物储存室里发现了雌性圣甲虫。幼虫实在太能吃了，所以之前我在"小梨"上并没有发现什么异样，更没有办法断定这就是幼虫的食物。

我找到了从前饲养失败的原因，在对它们家庭毫不知情的情况下，我给它们提供的食物都是四处捡来的粪便。圣甲虫们因此拒绝建造巢穴，原因是它们不允许后代进食这种低级且没有营养的食物。于是我找来绵羊的粪便做圣甲虫的食品，开始了新的饲养。这意味着最好的马粪可能也无法用来制造养育后代的粪梨，就算把马粪中的粗纤维剔除也无济于事。从头到尾，包括我所探查的100多个洞穴，圣甲虫的母亲们都是利用梨形的绵羊粪来为自己的幼虫提供食物的。

那么虫卵在这个形状独特的面包的什么地方呢？很多人或许会认为，卵一定在梨肚子中心，那里温度最恒定，而且可以防范外面的突发事件，并且从每个角度都可以找到足够的食物，从哪里下口都可以，幼虫就不需要对周围的食物进行选择了。

圣甲虫不允许后代进食低级且没有营养的食物，它们为自己的幼虫挑选了绵羊粪。

　　这个观点看起来合情合理，我也以为如此。于是在观察第一个梨的时候，我用小刀一层一层地剥开，相信在"梨"的中间位置可以找到虫卵。可事实完全出乎了我的意料，我并没有在中心发现虫卵，它依旧是结实而细密的。

　　大多数人应该都会同意我的推断，因为它是合情合理的。可是，圣甲虫们似乎有着更好的办法。由于事先预料到一些可能要发生的事，聪明的它们便将卵放到了别的地方。

　　让人出乎意料的是，卵位于"小梨"顶端的"梨颈"，也就是梨子比较细的那一部分。我小心地沿着"梨颈"纵向切开它，便看到了安放在光滑发亮的四壁中间的胚胎。这个白色的卵体积庞大，形状为长椭圆形，大约有 10 到 5 毫米长。在虫卵和孵化室之间有着小小的缝隙，只有头部

圣甲虫将卵产在梨形物体的顶端，比较细的那一部分中。这个白色的长椭圆形虫卵非常大，大约有 10 到 15 毫米长。

与顶端相粘，其他部位并没有与卵壁有直接接触。一般来说，"小梨"都呈水平状摆放，整个卵都躺在温暖而富有弹性的空间里。

弄清楚了这些以后，我还想了解一下，粪球为什么必须是梨形的，这种奇怪的形状到底占有了怎样的优势。或许我们可以把自己的逻辑和动物的逻辑相互交换，在某方面应该可以找到一些相似的地方。食物干燥是圣甲虫幼虫面临的最大问题。它们生活的地下室里，天花板是由大约 10 厘米的土层建造而成的，这样薄的"板子"可以阻挡夏天的热气吗？很多时候我们都难以忍受那样的酷热。我刚将手伸进去，就感受到了扑面而来的热气，如此可见，虫卵所在的地方温度也会很高。

在等待虫卵孵化的过程中，食物最少要放上三到四个星期，如果在此之前食物干燥变僵硬，那么出生的幼虫会没有办法进食。假如幼虫的牙齿没有找到柔软可口的"面包"，而只找到了僵硬得难以下咽的"面包皮"，那么它们或许就会饿死。我发现了很多在八月太阳下死掉的幼虫。它们只吃掉了里面那些可以消化的新鲜食物，就再也咬不动外面那些僵硬干燥的食物了，只能活活被饿死。

就算幸运的幼虫没有在干燥的"面包"里饿死，那么它在变成成虫后也没有办法突破重围，最后也只能被关在硬壳里慢慢等待死亡。

食物干燥是圣甲虫的致命威胁，在筑巢做窝的季节，我找了一些纸盒和杉木盒，并将一些刚刚挖到的圣甲虫"孵化室"放了进去，然后把密封好的盒子放到了实验室的暗处。实验室里的气温非常高，那里的卵没有一个饲养成功。相反的是，我在白铁盒和玻璃容器中也做了相同的事情，却没有一个饲养失败。

出现这种差别的原因很简单，高温很容易渗透到纸板和杉木的下面，蒸发得也快，食物就会很快变干，失去了食物，幼虫就会饿死。在白铁盒和玻璃容器中就不一样了，因为白铁盒不渗水，玻璃的密封性也很好，水分并没有蒸发掉，食物便可以一直保持原来的新鲜度，所以幼虫得到了很好的保护并且可以正常地发育。

圣甲虫母亲为幼虫宝宝准备了梨形房屋。

为了避免干燥的危险，圣甲虫采取了两个办法。它借助了自己长长的铠甲将梨的外层压紧，使表面比中心更加匀称，更加容易受到保护。

在进行加工的时候，圣甲虫母亲只是压紧表层几毫米的地方，在那里形成了一个外壳，可是那样的压力并不会扩散到里面，而是在那里形成了一个体积庞大的核，这样便保持了其中食物的新鲜度。而要想减少水分的丧失，应该不断地缩小食物的表面积，越小越好，并且还要用最小的面积获得最大的供食量，要做到这一点只有一个方法——将它做成球形。

于是圣甲虫母亲便把保护虫卵的"房屋"做成了球形。这样的形状并不是突兀产生的，也不是平日里它们辛勤滚动的结果，因为我并没有从"小梨"上发现被转动过或被移动过的迹象。

接下来我所要探究的是粪梨颈部的作用。答案显而易见，那梨颈就应该是虫卵的孵化室了。因为无论是哪种生物的胚胎都需要空气，为了能够使这些空气渗进去，母亲才故意将虫卵的保护壳做成了这样的形状。

粪梨的外壳是一层压得硬硬的表皮，它可以防止里面的食物过早地变质；而梨的营养核就如同卵黄一般，是一个柔软小球，孵化时便于粪梨的透气。在梨颈的小窝里，虫卵的四周充满了空气。这样，小虫就可以自由地呼吸那些从薄壁渗透过来的空气了。

为了让空气能渗透进去，圣甲虫母亲将梨形房子的颈部做得细一些，以保证孵化室中的幼虫能有足够的空气呼吸。

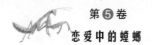

 圣甲虫的制作秘方

你知道圣甲虫的粪梨是怎样制造的吗？

首先，由于粪梨没有办法向任何方向滚动，所以它一定不是根据在地上滚动的机械原理制造成的。就算它那葫芦形的肚子可以滚动，可圣甲虫还在突出的梨颈里挖了一个孵化室，要是进行了猛烈的冲撞和滚动的话，是无法制造出这样精致的作品的。

雕塑家和艺术家会关起门来一个人制作自己的作品，圣甲虫也一样，它将自己关在地下室中加工拖进去的粪料。对于处理收集来的粪料，它们有两种方法，一种就是按照我们已知的方法来收集优质食物，在粪堆里将粪料收集滚搓成球状，当然这样的食物一定是给自己食用的。

一只圣甲虫正在粪堆中卖力地滚搓粪便，将它揉成一个球形体。

没有找到合适挖洞地点的圣甲虫会不顾粪球体积的大小，滚动着它们艰难地上路。在遇到一个满意的地方之前，它会继续毫无目的地一直向前走。在这样寻找的路上，粪球表面上会沾上泥土和细小的沙粒，表皮也会变得坚硬一些。一般来说，那些粘在上面的泥土正是它们行走了多少距离的最佳证据呢！

圣甲虫制作粪团的另外一种办法是从粪堆里提炼出粪块。它将绵羊们排泄下的许多块还没有形状的粪料收集起来，然后把这些松软的原料藏到自己的作坊中，等到需要的时候就会把它们切割成各种各样的小块。

可这种情形是不多见的，因为地面上有很多极为粗糙的石块，为了寻找合适的地方，圣甲虫不得不带着它的宝贝四处游荡，直到发现一处容易挖掘的地点才善罢甘休。

在产卵的时候，圣甲虫母亲并不需要将粪块加工成特定的形状，它们只是把近处的粪块运到地下去就可以了。

无论是在怎样的环境中，这种储藏方式所产生的结果都着实令人吃惊。在前一天的晚上，我看见圣甲虫带着一块没有形状的粪便竟然消失在了地下！而在第二天或者第三天，我再一次去它的作坊拜访，就看到那名艺术家正在欣赏自己的作品呢。那些被它抱紧的难看的小粪块们，经过它们的处理已经变成了极其完美规则的梨形，可还是带着一些圣甲虫劳作过的痕迹，地面的那部分沾着少许泥土。在加工粪梨的过程中，粪梨本身的重量以及圣甲虫的拍打作用使得原本松软的粪梨在与地面接触的那一面沾上了土粒，而其他的部分依旧保持着应有的完美。

根据这些观察到的细节，我们可以得到一些显著的结论。这些粪梨并不是圣甲虫通过不停滚动而得到的，也不是旋转的结果，因为旋转会使粪梨的表面到处都沾上杂质和沙粒，它的表面上没有一点儿土就很好地说明了这一点。

圣甲虫并没有像制作它们平日里的食物那样大费周折，它只是原地将这个"小梨"制作出来，用自己棒槌一样的长臂轻轻地捏造出"小梨"。

优秀的"艺术家"——圣甲虫正在欣赏自己的作品，那些
被加工成规则形状的梨形物。这些作品上还带着它们劳作
的痕迹呢，贴近地面的那部分上沾着少许泥土。

　　发生在田野里的情节是这样的，粪块是圣甲虫从很远的地方搬来的，
在被拖进地洞之前就沾了一层土。那个时候粪梨的肚子已经完成了，接下
来圣甲虫会做出怎样的动作呢？我们很快便得到了答案，只要将圣甲虫和
它们的粪球一起搬到我的实验室并且进行密切的观察就可以了。

　　我将筛选过的土放进一个短颈广口的瓶子里，并将土弄湿夯紧，然
后将圣甲虫和粪球一起放了进去，并耐心地等待。经过没多久的时间，由
于卵巢的变化，圣甲虫很快就开始了被中断的工作。

　　有时候，圣甲虫一直待在土面上，将粪球打碎并捅得乱七八糟。虽
然它们看上去无比慌张，可并没有因为被捉住而变得无比慌张，也绝对不
属于破坏行为，这只是出于一种卫生又明智的举动。粪球是从一群疯狂的
掠夺者中辛苦地收集而来的，所以一定要谨慎地进行一番查看。但想要在
那些抢夺者的面前进行仔细的检查是完全不可能的，而在食物的争夺之中，
那些包裹着翁蜣螂、蜉金龟的粪料极有可能会被裹进粪球里。

这些无意的入侵者可以随意地生活在粪球的内部并且剥夺里面的食物，使得出生后的幼虫无法真正享用这些"美食"，因此，一定要把这些饿死鬼从粪球中驱逐出去。所以圣甲虫母亲就会有了这样的举动，算是对每一个粪球进行严格的审查，过后才会将粪球一点点地收拾起来，制作成精美的梨形粪球。这个时候，粪球的表面就不会再有土了，成了除支点部分以外都干干净净的梨子形状。

但是，还有一种更加常见的情形，那就是圣甲虫会将粪球直接埋到瓶子里的土中，这样的粪球外形很粗糙，像是一件被丢弃的艺术品一般，就像刚刚从地洞里挖出来的一样，是经过狂野地一路奔波过田野才形成的。我又一次从瓶底看了一下那个已经成形的粪梨，它的外壳看上去有许多的沙粒并且粗糙不平，这就说明了圣甲虫不一定要从里到外完全地对粪块进行改造，也可以在简单的拍压后将梨颈从粪团中拉扯出来。

那些从田野里挖出的粪梨几乎都不怎么光滑，如同结了一层僵硬的外壳一样，人们肯定会认为这粗糙的外壳是圣甲虫通过在地里滚动、拉长制造粪梨时形成的。可是我发现只有几个粪梨是光滑的，这种错误的想法便被我完全地否定了。

由于我饲养的圣甲虫可以产出特别干净的粪梨，这就让我知道了一点，那些它们所精心制作而来的粪梨，绝对不是用旋转滚动的方法得到的。粪梨光滑的表面告诉我，那些表面粗糙且沾了泥土的粪梨绝对不是滚动加工而成的，它们之所以表面不光滑，是因为在地面上经过了长时间的搬运而产生的结果。

想要亲眼目睹粪梨的制作过程并不是一件容易的事情，这个黑暗中的艺术家只要感到有一丝光线的入侵就会顽固地拒绝继续工作。为了清楚地观察到圣甲虫们的工作，我选择了前面用过的那种短颈广口瓶，在瓶底铺了一层几指厚的土，算是为圣甲虫建造了一个合适的工作室。

在准备这些的过程中，木片上的一部分泥土会从缺口处漏到下面去，并形成一个自然的斜坡。当这小小的秘密被忙碌的圣甲虫们发现时，它们

想要亲眼目睹圣甲虫制作粪球绝非一件易事，它们总是躲在黑暗中工作，哪怕见到一丝光线，都会顽固地拒绝继续工作。

就会通过这里进入我为它准备的透明工作室之中。因为圣甲虫们只习惯在黑暗的环境下工作，所以我罩住了那个透明的瓶子，它们便得到了想要的黑暗，在需要的时候我便会突然掀开，以便可以清楚地观察到它们平日里正常的工作状态。

在布置好了一切后，我找到了几只雌性的圣甲虫，并且只用一个上午就做好了所有的准备工作。我把圣甲虫和粪球放进了瓶里的土上，并且掩饰性地罩住了瓶子，开始了耐心的等待。

等到了足够的时间，我轻手轻脚地走进实验室，一把掀开了罩在瓶子上的纸片，来了个彻彻底底的突击。而此刻，圣甲虫们正在玻璃工作室里忙碌着，长长的足正放在已具雏形的粪梨上。因为感到了突如其来的光亮，它们似乎受到了不小的惊吓，拼命向黑暗处躲去。这时候我把粪梨的形状、位置、方向暗自记了下来，重新罩住了瓶子，让它们恢复了正常的工作，并开始了下一轮的等待。

这次简短的突然造访令我发现了一些秘密：在制作梨形粪球的前期，粪团就像一个不怎么深的火山口一样凸出来一大块，边缘很厚，颈部的小槽收紧，只不过尺寸还是小得可以。

圣甲虫制作的梨形粪球，粪团颈部有一个
像火山口一样的凹陷小口。

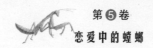

由此可见，圣甲虫最初要做的就是一圈又一圈地缠绕和挤压，仅此而已。

在傍晚的时候，我再一次访问了这些辛勤的工作者。我发现工程有了新的进展，那厚厚的边缘变得不见了，已经收拢拉长成梨颈了。可是粪梨的方向和位置全部都没有移动过，和我上次所记录的一模一样，而且保持在同一个点上，这完全可以证明粪梨是通过揉搓的方式加工而成的，并不是圣甲虫们滚动的结果。

在我进行第三次观察的时候，一个完整的粪梨已经成型并出现在我的面前了，它们所产下的卵也已经安全地放置在了里面。除了还需要再全面地磨光、整修一下外，工程算是结束了，一个完美的艺术品就这样，即将诞生了。

还有一个值得我们注意的细节，如果仔细观察就会发现，在梨颈的顶端有一处与众不同的地方，与其他被圣甲虫母亲们细心处理好的地方相比，那一处有几根很粗的纤维竖立着。原来，圣甲虫们在安顿好自己的虫卵后，会用一个塞子将小口封住，那个神奇的地方就是塞子的所在了。

圣甲虫母亲细致地安顿好虫卵，然后用一个塞子封住梨形粪团的顶部，再在上面插上几根很粗的纤维来做标记。

为什么圣甲虫在拍压和制作完粪梨后会独留这一个奇怪的地方呢？原因很简单，那个塞子的后面就是它们细心保护的虫卵，如果用力挤压，卵就会被推到后面，极有可能将胚胎压死。圣甲虫母亲们懂得这种行动所造成的危害，所以只是用塞子轻轻地封住开口，以保证拍打对空气的震荡，使空气得到顺利的流通。

 圣甲虫幼虫的生存本领

能将圣甲虫虫卵孵化的最主要原因是阳光，为了获得强烈的日照，圣甲虫会把地洞的天花板弄得很薄。但是处于变化中的阳光无法使胚胎在确定的日子中苏醒。如果日照足够强烈，卵产下以后 5-6 天就能孵出幼虫了；如果没有这么高的温度保护，幼虫就要等到第 12 天才能孵化。六月和七月都是幼虫出生的最好时期。

圣甲虫的幼虫只要一突破襁褓，就会迫不及待地去啃食四周的墙壁。然而它绝对不会随意啃食自己的房子，而是十分谨慎地进行选择性的进食。如果它从两侧很薄的地方开始啃食，就不会遇到麻烦，而且四周几乎一样，都是上好的食物。如果它用大颚在梨颈最薄弱的地方啃咬，就有可能因为没有适量的黏合剂，而在墙壁弄出一个缺口。在面对各种各样外来因素而引发的事故中，它们就是用这样的粘合剂来做处理的。

但是如果它们在看上去足够的食物中无目的地随意啃食，就有可能遇到外面突发事件的危险，从自己所在的安全摇篮中滑落出来，直接摔到冰冷的地面上，这样一来，它们就必死无疑了。它也无法找到母圣甲虫为它所准备的食物，就算找到了粪梨原来的位置，外面那层坚硬的外壳也会将它阻拦在外。虽然这新生的小虫身上还带着卵体中的黏液，可是它们已经有足够的意识和智力来充分认识到四周的危险，并且运用自己可靠的方法来脱离这些危险。大多高等动物也需要依靠在母亲的身边来逃离这样的

危险呢！这说明圣甲虫的智力水平可是不低的。

　　虽然刚刚出生的圣甲虫幼虫的四周都是可以随意选择的上等食物，可它们还是要保持谨慎，从屋基的部分开始进攻，因为有体积巨大的粪球连着那里，所以它们便可以随心所欲地四处咀嚼磨牙。

　　可是它们为什么会偏爱这个地方并选择在这里进食呢？奇怪的是这里的食物与其他地方并没有什么不一样的地方，难道是薄薄的墙壁对它柔嫩的皮肤有所影响，使得它们知道外界离自己很近？可是这种影响到底是从哪里体现出来的？作为一个新生命，它能对外界的危险有着怎样的意识？

　　原来，在解剖界的专家看来，聪明的食客可以清楚地区分能与不能，它们吞吃食物的速度很慢，在享用完食物之前可以不将猎物杀死。那么圣甲虫也掌握了这样一门高超的进食方法。虽然有足够的食物，也不用

担心食物变质，可是它们不能让自己轻
易地暴露在外面，必须要在进食时多加
小心。这是一场关乎生命的进食活动，
以刚刚开始那几口最为关键。因为圣甲
虫幼虫实在太过脆弱，而包裹它们的"梨
颈"又太过纤细薄弱，为了保护处在危
险中的自己，它们天生就具有一种原始
的灵感，如果缺乏了这种灵感，它们或
许就没有办法存活下去，应该是天赋和
本能在命令它们：一定要咬这个地方，
不可以碰别的地方。

刚刚出生的圣甲虫宝宝还很脆
弱，而包裹它们的"梨颈"又
太过纤细薄弱，因此它们天生
具有强烈的自我保护意识。

　　受着这种命令的指引，圣甲虫的幼
虫们就只能在规定的地方啃咬食物，就
算其他地方的食物真的比这个地方的美
味诱人，它们也不会去碰一下。它们选
择从梨颈最基础的部分开始进食，将自
己沉浸在圆鼓鼓的粪块之中，在很短的
时间之内，它们就可以将那些肮脏的粪
料消化并吸收，而且渐渐地变成一个肥
肥胖胖的圆球。

　　虽然从出生开始就以粪便为生，
可圣甲虫幼虫们的身体却十分干净，四
处闪动着健康的光泽，在象牙白的底
色中还反射着轻微的灰色光芒。粪料
融化在了生命的熔炉里，幼虫就住在那
个空空的圆洞里面，身体也折成了两
截儿。

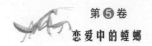
我急切地想观察那些在巢穴里的幼虫到底还有着怎样奇特的一面，所以便在梨肚子上开了一个大约只有 0.5 平方厘米的小口，那个身在保护层里的小家伙马上探出了头脑，如同打探外面的情况一样。当它看清楚了这个明显的缺口后，脑袋很快便消失在了洞口。我小心地观察着它，看见它的身影在小洞里不停地忙碌着，不久，刚刚被打开的小洞就被结结实实地封住了，那是一团褐色的，软软的东西，而且很快就变得僵硬起来。

我原本以为幼虫的巢穴里会有一些半流质的浆体，背部的突然性滑动使它们一边围着自己转动一边收集着这种东西，再转了一圈后，它们就会把这些东西飞快地塞到有危险的地方，来保障自己的安全。为了印证我这样的想法，我又一次将那个它刚刚封好的口子捅开进行观察，果然，它再一次行动了，和上次一样，探出了脑袋，小心翼翼地观察着，然后迅速地缩回去，在里面不停转动着，被我捅开的洞再一次被堵住。我看得比上次更加清楚了。

一只待在保护层中的圣甲虫幼虫从梨形屋子小小的开口处探出头来，仿佛在打探外界的情况一般。

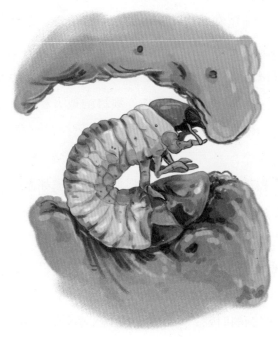

为了保证安全，圣甲虫幼虫不停扭动身体，迅速将屋子的缺口堵住，在那里建造了一块粪便墙！

　　可是我犯了一个很大的错误。我发现那个小家伙用来保护自己的方法，是我们无法想象的。就在转动之后，幼虫的尾部居然出现在了缺口处，而不是头部。幼虫抱着的东西也不是随意从四壁刮下来的用料，它只是在缺口的位置上制作了一块粪便墙！精打细算的幼虫是不会舍得浪费自己原本就够少的口粮的，并且这种黏合水泥凝结的速度也很快，质量也是不错的，只要它们肠胃一直是满满的，就可以很快地进行这种修补的措施。

　　它们的肠道里有着令人惊讶的丰富库存，连续五六次，我不断地将那个地方捅开，而幼虫也不厌其烦地分泌出大量的石灰浆，好像它们取之不尽、用之不竭一样，并且是一个随时都能为它们效劳的储存室。与成年的圣甲虫们一样，它们排泄的功能让人感到吃惊，它们的腔肠比任何动物都要强大。

圣甲虫幼虫身体的最后一节有一个倾斜的平面，如同被倾斜着截去了一半，而那个大圆盘的周围还有一圈垂下来的肉，中央有一个扣眼大小的口子，那就是它们分泌黏合剂的地方了！这个扁扁平平的东西是幼虫们的抹刀，四周的那一层可以防止从体内挤出的黏胶流走。当那些黏胶积累成堆后，磨平和挤压就会同时运作，黏胶被送到缺口的地方，并且会被用力压紧那个被捅开的缺口，随后黏胶会变得坚硬平整，它们会先用抹刀将其弄平，最后才开始完善工作，只需要一刻钟的时间，那堵墙已经彻底凝固了，修补过的地方也会和其他地方看起来一样僵硬。但是如果从外面观察，是可以看出它们修补过的痕迹的，那块开口处的黏胶会十分不规则地凸起，因为那个地方是它们的抹刀所不能触碰的位置。如果从它们的壳中去看的话，是什么也发现不了的。

但是它们的才能可不止这些，由于粪梨的外壳又硬又干，如同一个装着新鲜食物的罐子。在挖掘的时候，我经常会碰到一些难以挖掘的地带，就会不小心将那些罐子碰碎，每当这个时候，我就会把那些碎片收集起来，再将圣甲虫的幼虫放回原位，再将那些碎片拼好，并用报纸将罐子固定。可没过多久，我发现那些破碎的罐子竟然又变得和原来一样坚硬又结实了，虽然形状没有曾经那些美观，并出现了一些长长的疤痕。应该就是在那些时间中，它们将黏合剂喷射出来，仔细地将破碎的缝隙结实地粘住，又将一层厚厚的石灰浆涂抹在里面，就会使破碎的墙壁变得更加坚固。它们是有着多么高超的修补功能啊！

可是圣甲虫的头颅上根本就没有视觉器官，是看不见任何东西的，可为什么它们只要发现巢穴上有缺口，就会迅速地将其修补上呢？为了找到答案，我开始了新的实验。

几乎完全处在黑暗之中的圣甲虫幼虫发觉我在梨粪上捅了一个缺口，并涌进了一点少得可怜的光线时，它们便做出了判断，仅仅几分钟的时间内，它们就将自己的小屋严严实实地封了起来。

我找来了一个塞满食物的瓶子来饲养一些从粪梨中取出来的幼虫，

并在那堆食物的中间挖了一个小井，做成了一个半圆的形状，这样看上去和天然制造的并没有多大差别。幼虫被放了进去，它们并没有什么异常的反应，和平日里一样啃食起四周的围墙来，整个过程进行得很顺利。接下来我所观察到的事情十分有价值，很有必要记录下来。幼虫们竟然一点点将梨形小屋缺失的上半部分补齐了！它们努力为自己修建了一个圆圆的屋顶，将自己圈在了这个球形的空间里。幼虫利用肠子里分泌的黏合剂为建筑材料，利用臀部凹下去的斜面作为不可或缺的建筑工具，为自己建造了一个圆形的屋顶。幼虫们完全可以依靠着这两样东西建造自己所需要的"城堡"。

有些时候，玻璃瓶的内壁就在幼虫所建筑的工程范围之内，表面光滑的玻璃正好符合了它们的兴趣和喜好，而且玻璃的弯曲度也跟它们的计算基本相似。它们就利用了这一点，在圆屋顶下保留了一块大大的玻璃窗户。

圣甲虫幼虫蜷起身子，利用肠子里分泌的黏合剂为建筑材料，利用臀部凹下去的斜面为建筑工具，为自己建造了一个圆形的屋顶。

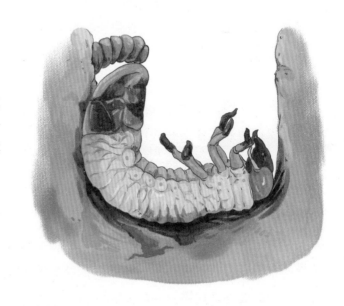

表面光滑的玻璃符合幼虫宝宝
的喜好，于是它们在圆屋顶下
保留了一块大大的玻璃窗户。

　　托那扇玻璃窗的福，我得以接连观察它们好几个星期，虽然幼虫们整天生活在那间房子的强烈光线下，可它们还是和其他的幼虫一样进行着必要的工作，安静地吃东西，然后消化，而那些它们原本厌恶的光亮，似乎并没有对它们造成多大的影响，更不急着用什么东西去将它遮挡住。

　　这让我怀疑是风的原因，为了不让风从缝隙中悄悄钻进来，所以它们要把缝隙修补好？这个想法是错误的，它们房子里面的温度和室外的温度几乎是一样的，就算在我捅出了那缺口的时候，空气也依旧很平静。在对它们探访的过程中，我并没有选择暴风雨的天气，而是选择了更为安静些的屋子和深沉宁静的瓶子里。

　　虽然有很多原因都与风无关，可我们还是要极力避开这个不速之客，因为此时所到来的风都带着夏日的干燥，如果这些不速之客从缝隙溜了进来，那么那些新鲜的食物就会变得干燥，甚至难以下咽，幼虫们也会因为这样的食物变得有气无力，过不了多久便会饿死其中。虽然为了防止自己的孩子们会被可怜地饿死，圣甲虫母亲们尽量将球形的外壳弄得坚硬结实，可孩子们的口粮依旧十分重要，它们绝对不能松懈。

倘若幼虫们想一直都有新鲜的食物可以吞食，那么它们就必须将自己装食物的罐子塞进去，而罐子可能会经常裂开，随之而来的是巨大的危险性，所以将裂缝堵上就是一件非常重要的事情。这大概就是幼虫们成为粉刷匠的原因，它们不仅拥有专属的工具，还有一个随时准备供货的工厂，这个修理工一样的幼虫就是为了可以一直有松软可口的食物吞食才会勤奋地工作。

 圣甲虫的蜕变

那些在孵化室中每天靠着四周墙壁食物为生的幼虫们一点点地长大了，而那个梨形的孵化室因为里面居民的成长，大大的肚子渐渐被挖成了一个空腔，里面的空间也得到了一定的扩大，住在这里面的幼虫们衣食无忧，长得又肥又胖，虽然如此，它们也还要费些心思去注意一下卫生问题。在这样狭小的空间中，在里面生活的幼虫本身就占据了很大的空间，它们排泄起来也会比较困难，而它们的肠胃消化功能又极好，不停地制造着黏合物，如果没有必要去修补缺口，它们就需要找个地方去放置这些水泥啦。

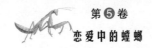

这些生活在孵化室中的幼虫们不会去挑剔它们的食物，可也不能食用太过奇特的食物，就算是整个自然界最低等的生物也不会去吃自己已经消化过的东西。胃就如同一个蒸馏器一样，将体内那些有用处的元素全部提炼了出来，除非再换一套新的器官，否则它们是再也不能提取出什么来了。

有些哺乳动物的肠胃要比幼虫的大出不知多少倍来，它们会把那些自认为没有任何价值的残渣排泄出来，然而对于肠胃功能更胜一筹的圣甲虫幼虫来讲，这些残渣却是上好的美味了。或许幼虫的剩饭可以让其他种类的消费者感到满意，可幼虫却是非常讨厌自己排泄出来的这些东西的。可是在那样精细的小窝之中，幼虫是怎样处理那些排泄出来的废渣的呢？

蜜蜂为了不将储藏室弄脏，用自己消化后的残渣制作了一个漂亮的箱子，而与世隔绝的圣甲虫幼虫为了将那些令自己感到不舒服的垃圾通通处理掉，它们便掌握了一项极其独特的本领，虽然不如蜜蜂那么艺术，却能让它的生活变得更为舒适，到底是怎样的本领呢？让我们来看看吧！

很多时候，幼虫们总是从粪梨的梨颈部分开始朝食物进攻，并且它通常会先吃自己面前的东西，而那堵能够保护自己的薄薄的墙壁，它是绝对不会去动的。这样一来，它们的身后就有了一块可以存放那些废物的空地，并且不会将食物弄脏。于是，那些吃剩的渣滓就将孵化室给堆满了。幼虫们不停地进食，粪球里也逐渐有了存放垃圾的地方。伴随着粪梨基部厚度的不断减少，上方也开始恢复原来的密度。所以说，虽然幼虫们的身后会有排泄物堆积，可它们的身前却存留着一直没有碰过的食物，只不过那些食物在慢慢地变少而已。

在第四至第五个星期的时候，那些已经发育成熟的圣甲虫幼虫们会在粪梨的肚子处挖一个洞，这里是靠近梨颈一端的墙壁，另一端却是很薄，会出现这种状况的原因和幼虫们的进食方法有着直接的关系——前方

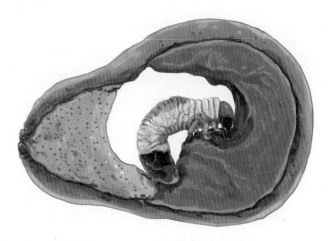

幼虫宝宝通常是从粪梨颈部开始朝食物进攻的，它只吃自己面前的东西，绝不会去动那堵能保护自己的墙。

进食，后面补充。在吃完了东西后，它们就需要开始考虑重新布置一下自己的小窝了，因为只有将小窝弄得柔软舒适，才能让自己住得舒服，所以它们最好再固定一下这个球体。

这个工程对于它们来说非常重要，幼虫们谨慎小心地保存了大量的水泥。这并不是一段简单的修复，它们的抹刀开始发挥真正的作用了，它必须将那堵较薄的墙壁加厚几倍，还得重新粉刷一遍。它们尾巴的部位在窝里不停滑动着，将四面弄得十分平整，就连抹上去的触感也是柔软光滑的，同曾经的墙壁相比，这种新的水泥墙壁要更为坚固和安全。它们将自己封在这个里面。既然房间都已经收拾好了，幼虫们便开始蜕皮，变成了蛹，就这样，一个新的、美丽的稚嫩小生命诞生了，它的鞘翅折在前面，如同一条又大又长的围巾。整体望去，你就可以轻易地想起那些缠着绷带、沉睡着的木乃伊，它们的身体呈半透明，带着微微的黄色色泽，像是一块雕刻出的琥珀，更像是美丽的宝石。

这个外形美丽的蛹除了色彩和形状都十分朴实外，还有一点深深地

吸引了我——它的前足是否有跗节呢？因为需要研究思考这个问题，我忘掉了这件艺术品的结构细节，将思绪引到了那些我所感兴趣的问题上，答案就这样出现了。

圣甲虫的成虫包括它们的同属，前足都没有跗节，就是那种由五个小节组成的跗节。这应该算是一个奇特的例外吧？而那些高级鞘翅目的昆虫，平常也被称为五跗节类昆虫，跗节在它们身上简直是必须的。圣甲虫其他的足都有完全成形的跗节，应该是符合一般的法则的。可是圣甲虫那锯齿般的前足，到底是天生还是偶然？看上去很像是偶然。它们一生似乎都热衷于挖掘的工作，并且不停地行走着，可无论是挖掘还是行走都无法避免和粗糙不平的地面进行接触，尤其在倒退着滚动粪球的时候，前足就变成了支撑它们的杆子，这样一来，前足更容易受伤，即使原本有跗节，也可能会在日积月累的劳作中变形和脱臼。这种种原因造成了圣甲虫的前足从出生时起就退化掉了。

圣甲虫的前足没有跗节并不是偶然产生的，在放大镜的帮助下我仔细地进行了观察，发现它们锯齿一样的前足就如同被什么突然截断了一样，根本没有跗节残存的痕迹，也没有末端附着的原基，但是其他的足都有着再明显不过的跗节，而且形状看上去十分丑陋。这主要是因为蛹的襁褓和液体的原因，使那些跗节生出来就疙疙瘩瘩的。

如果蛹的证明还不够的话，那么让我们再来看看成虫的证明。在它

圣甲虫加工和搬运粪球时，总是吃力地用足尖在细枝上行走，将足尖上的硬刺作为站立的支点。

们扔掉了那些像木乃伊一样的破旧衣服后，成虫第一次在蛹室里翻动起来，它所挥动着的就是没有跗节的前足。我敢肯定，圣甲虫的前足天生就没有跗节，生来便是这样的残疾。

既然圣甲虫只是一个普通的行人，而并不是什么运动员，它就没有必要用它的足尖在细枝上行走，所以，要是它用足尖武装的硬刺来作为站立的支点，剩下的四只脚的跗节就完全可以被扔掉了，因为它们完全没有作用。在圣甲虫走的时候，这几个跗节实在太过空闲；而在它制作和运送粪球时，这样的东西也起不了什么作用。只要不给敌人留下可乘的机会，那这个做法就是值得肯定的。可是在某些偶然的情况下，事情还会这样发展吗？

答案当然是肯定的。在舒适天气即将结束的十月份，一直忙碌着的圣甲虫已经变得疲惫不堪，它们中的大部分也因公变残疾了，跗节也被磨去了。而我所饲养的圣甲虫大多数都出现了不同程度的截肢，还有的将后面的跗节都给磨掉了，就连那些受伤最轻的跗节也都受到了损伤。

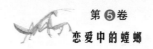

理论上的截肢应该就是这样的，同发生在过去的那些偶然并没有任何关系。在每年冬天快要来到的时候，许多圣甲虫都会变得残疾。在最后的那段工作时间里，那些并没有经历过困难的圣甲虫，它们的行动并没有出现过多的不方便，工作的时候照样行动迅速，揉搓面团的时候也依然动作敏捷。它们所获得的食物也可以支撑自己在地下度过寒冷的冬天，这些残疾了的生命，依旧可以不受任何影响地继续着它们本身的工作。

而在地下度过了寒冷恶劣的季节后，这些残疾者会在春天的时候苏醒过来，为的是享受第二次或第三次的盛宴。它们重新爬上了地面，并且一直抚育着后代。这些后代们应该利用这绝好的机会来进化自身呀，因为这种繁衍每年都重复着，它们完全有足够的时间在这种情况下稳定地进化，可后代们并没有这样做，那些只要是可以走出粪壳的幼虫，都毫不例外地长着四只带跗节的足，仿佛这样就是合乎常规的。

为什么圣甲虫生来便是残疾的？对此我一无所知，这一点的确很奇怪，它们居然会有两只没有跗节的足。在纷繁复杂的昆虫世界中，许多大师都因它们的奇特而犯下了错误。

大概会有人这样说：还存在一种可能，在大师们生活的那个时期，圣甲虫还有跗节，尔后，在经历了数个世纪的艰难工作后，它不仅改变了，连跗节也失去了。

我对这方面的了解少之又少，就算真的可以找到带有跗节的图片，我觉得也不会发生太大的进展，只有一只真正的古代圣甲虫才能解开疑惑。

那些关于昆虫变态的奇妙之处，也许古代人并不了解。因为对他们来说，圣甲虫的幼虫只是从腐烂中出生的小虫子，这个可怜的小生物的命运便是，出生便要消失在这个世界中，并没有什么未来，这或许也就导致了许多人对此类昆虫产生了很大的误解。

第二章
食粪虫的聚集
——蜣螂家族

昆虫档案

昆 虫 名：蜣螂

英 文 名：dung beetle

别　　名：刀螂、粪金龟、屎壳郎

身世背景：属鞘翅目金龟子科粪金龟亚科，全世界约有2300种，大多为黑色，背负黑甲，分布在南极洲以外的任何一块大陆

生活习性：有一定的趋光性，喜欢钻进牛粪中制造粪球，主要以动物粪便为食，有"自然界清道夫"之称

绝　　技：可以将动物粪便滚成球状，向前推行

武　　器：胸前的一对"捕捉器"

圣甲虫的亲戚们

很多时候，工作者圣甲虫并没有我们想象中的那样惊慌，虽然它的劳动会时不时地被人突然撞见，甚至肆无忌惮地观察，可是这个勤劳的工作者依然不停地继续着自己的工作，没有受到任何的影响呢。或许在圣甲虫的世界里，并没有害怕这个词语。虽然它们的生理结构和从事的工作几乎一样，可它们心理的特点却完全地改变了。

一只蜣螂正在努力推着巨大的粪球向前，或许这是它为孩子们准备的一顿丰富大餐呢。

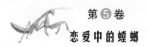

　　如果我们从另一个角度来观察，会发现这种心理状态的不用程度更加明显了。对圣甲虫来说，每天疯狂地滚动着身下的粪球可以说是它们最大的乐趣。它们热衷于不停把粪球推来推去，完全不忌惮头顶火一般燃烧着的太阳。但是侧裸蜣螂就与它们不一样了，虽然它们也在从事不停滚动粪球的工作，但比起圣甲虫来，它们似乎缺少很明显的热情，要不是它们为了到某个安静的地方填饱自己的肚子，要不是那些粪球需要来做幼虫的粮食，恐怕侧裸蜣螂就不会去来来回回地滚动粪球呢！

　　无论是在怎样的生存环境中，就地享用食物似乎一向是侧裸蜣螂的独特作风。它们会很有耐心地停留在原地，等待发现中意的粪堆，将粪球滚动好并隐蔽地藏在地下，慢慢地留给自己享用的这种做法，可不是侧裸蜣螂的行事风格。我通过长时间的观察发现，侧裸蜣螂这个名字的来源虽然和粪球有关，可是它完全是为了自己的子孙才去努力的，这听上去似乎有些不可思议吧。

无论是在怎样的生存环境中，就地享用食物似乎一向是侧裸蜣螂的独特作风。

　　母亲工作时在工地上寻找和制作出孩子们生长所需要的粪料，在原地揉成粪球，然后再学习圣甲虫那个样子滚动着粪球，储藏在地洞里面，最后才会加工成哺育孵化孩子的摇篮，以备卵的出生和成长。

　　可是出现了一个问题——那些正在滚动着的粪球里到底有没有包裹着它们的卵呢？当然不会，侧裸蜣螂是绝对不会随意在路上产卵的，它们会找到一个比较隐秘的地方产卵。它们找到的洞不会太深，但对于放置那些粪球来说，可以说是绰绰有余，并且是可以随意活动的呢。这也再一次证明了，它们的粪球是捏造成形的。

　　我用一直带在自己身边的铲子铲动了几下，这个丑陋的房子就完全暴露在空气之中了。母亲自然也在里头呢，它们正在忙着处理各种繁琐复杂的家务呢，可是接下来就一去不复返了！它们那傲人的成果正安静地躺在小洞的中央，这可是虫卵的摇篮啊！它们都是子女们不可缺少的食物。

　　不管是哪一种侧裸蜣螂，它们所制造的粪球的大小和形状都跟麻雀蛋类似，不过就算我们把它们搞混了也没什么关系，因为它们无论在习惯

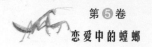

还是工作方式上，都有着惊人的相似呢！假若正巧碰到母亲不在那里，就很难让我指出那些刚挖出来的粪球到底是谁的劳动成果，到底是鞘翅光滑的侧裸蜣螂，还是鞘翅上有小窝的侧裸蜣螂呢？倘若体积稍大就可以证明是前者的，可这样的特征并没有明显的科学性啊！

我在这里重新说明一下那些有了卵的粪球的形状，它的两边并不是均匀和平衡的，一边看起来又圆又大，而另一边却呈现出了凸起的椭圆形，有的则是伸长成了梨颈的形状，这看起来十分有趣吧？虽然滚动也可以完美地产生一个球，但是这样有趣的形状却不是滚动而形成的呢！这一块粪料在采集地和搬运的过程中就已经接近圆形了，但是有的时候，采集的地方离洞口十分近，可以马上就储存下来，侧裸蜣螂就很随意地将那些粪料堆在了洞口，等到产卵的时候，母亲们就会把它揉搓成形状呢。总的来说，只要一进它的小窝，侧裸蜣螂就会如同圣甲虫一样，成为一个造型的艺术家呢！

绵羊的粪料是非常适合揉捏的，它的粪料可以说是最具有可塑性的，侧裸蜣螂可以像人们玩捏黏土一样随心所欲地塑造形象，它做出的粪球几

侧裸蜣螂可以像人们玩捏粘土一样随心所欲地塑
造形象，它做出的粪球几乎可以同鸟蛋相媲美！

乎可以同鸟蛋所媲美！可是，侧裸蜣螂的胚胎在粪蛋的哪里呢？如果我们依照圣甲虫那里得来的正确推理，假如对空气和湿度表达出了同样的要求，那么容易得到的结论就是——它们会要求卵以最大的可能向四周的热空气靠近，同时被一层层坚固的围墙所保护着，显而易见的是，粪球较小的一边，在很薄的保护墙后最适合放置它们的卵了！

然而，结果正如我想的那样，那样一个小巧的卵就躲在那样精致小巧的孵化室里呢！在它的周围还包裹着一圈空气垫，换气的时候就是透过那很薄的墙壁和一个塞子来实现，并不费事。看到这样的位置我并没有感到过多的惊奇，因为这都在我的预料之中，这可是多亏了圣甲虫呢！我在它们那里得到了不少的启示。我用小刀试着去刮粪球那尖尖的凸起的地方，卵便露了出来，这样便证实了我之前所有的预料，包括那些不确定的怀疑。尽管几次实验条件有所不同，但是一些结果却再三地出现，因此我想，它应该不会有错。

如此可见，圣甲虫和侧裸蜣螂都是非常优秀的艺术家呢，可它们不是从同一所学校毕业的，因此它们各自的作品都有着独特的轮廓和特色，

幼虫在长大前需要湿润和柔软的食物，因此母亲总是将食物做成不易蒸发的圆形，尽量让粪球保持湿润。

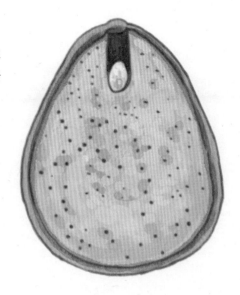

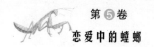

即使使用的是同一种材料。粪梨与粪蛋分别是圣甲虫与侧裸蜣螂的杰作，虽然还存在着很多的分歧，可它们还是符合虫卵和幼虫发育所需要的基本条件的！因为对于幼虫来说，它们在成熟前非常需要湿润、柔软的食物，所以将食物做成球形，减慢水分的蒸发，因为球形的体积相对容积来说是最经济的。可是虫卵却需要空气与泥土的湿度易于渗透，虽然两者采用了不同的方法来塑造自己的作品，但都有一个统一的要求：一头比较小。

一般来说，产卵的季节都在六月份，不到一个星期的时间，两只侧裸蜣螂的卵就可以孵化出来了。孵化的时间在5-6天左右。见过金龟子幼虫的人，对这两种小小的幼虫的基本特征就应该十分熟悉了！它们的幼虫都是胖嘟嘟的，看起来十分可爱，而那弯曲着的身体就像是铁钩子，那强大的消化器官就在这之中。和圣甲虫幼虫相似的标志是，它们斜着截掉的身子尾部形成了一把抹刀，用于涂抹粪便。

的确如此，在这里我需要强调一个特殊的现象，我在之前已经描绘过。侧裸蜣螂幼虫的排泄也是非常迅速的，每时每刻都可以准备制造出水泥去修葺那些遭到破坏的房间。为了方便观察巢穴的情况，更想欣赏一下它们

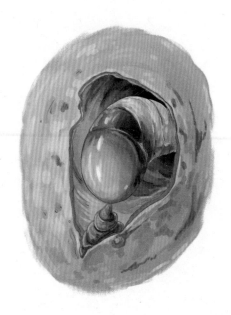

侧裸蜣螂幼虫的警惕性十分高，一旦发现自己的洞口被打开，它们会立马把缺口封住！

充当粉刷匠的有趣模样，我在壳上悄悄打开了一个小洞，可没有想到的是，刚刚把洞口打开，它们就立即把那缺口封住了！它们将裂缝糊住，将碎片重新黏合起来，这样就可以重新将那散架了的房间拼凑起来。在濒临蛹期时，它们就可以利用那些多余的水泥砌成一层坚固的泥灰墙壁，加厚房间的墙壁。

同样的危险也促成了同样的保护措施，和圣甲虫的粪壳是一样的，侧裸蜣螂的粪壳同样有裂开的危险！那些自由进出的空气会把应该保持松软的食物风干，这将会是一个致命的后果！让人出乎意料的是，侧裸蜣螂幼虫的肠子总是饱满的，总是可以让那些受到了威胁的幼虫轻轻松松地摆脱困境，那么原因是什么，我相信之前的圣甲虫已经告诉我们了！

笼子中那些饲养的经验告诉我，侧裸蜣螂的幼虫期大约是 17-25 天，蛹期是 15-20 天。可这些数字是变化的，只不过范围很小。所以，我们将这两个阶段都近似地定为三个星期。

侧裸蜣螂的蛹期并没有什么特别的地方，值得让我提起的是成虫第一次出现在我面前时那奇特的装束。瞧，它有着铁红色的头和胸，还有足，而鞘翅和腹部却是白色的呢！如此奇特的服装就这样展现在了我们的面前。另外，在八月份的高温下，它的蜗壳也变成了最佳的保险箱，并把自己变成了囚徒，如果想要得到自由，只能等到九月的时候了，那时候，几场雨便可以将墙壁重新软化，赐予它们自由。

在大多的情况下，完美清晰的本能经常会让人瞠目结舌并赞叹不已。但是在特殊的情况下，那些愚昧无知的本能却会让我们惊讶。什么样的昆虫擅长什么样的技巧，而且这些行为全部都是符合逻辑的。它们那些没有意识的远见已经远远超过了我们人类的科学，本能的灵感也同样超越了我们有意识的理智。但是如果偏离了正常的轨道，闯进了光明后的黑暗，就再也没有办法将那熄灭了的火焰重新点燃了。

对于这种奇特例子，我之前已经举过了。而现在，我在食粪虫的身上又找到了一个相当惊人的例子。在这些制作粪球的昆虫家族中，可以清

成虫第一次破茧而出的时候，头、胸和足都呈铁红色，而鞘翅和腹部却是白色的。

楚地看到它们的子女，这让我很是惊讶。我并没有想到的是，一种完全相反的惊讶呈现在了我的面前，在这样的一个摇篮中，之前还备受关注的幼虫们，现在母亲却对它们丝毫不关心了！

为了弄清这样的状况，我对圣甲虫和侧裸蜣螂同时进行了观察。在要为幼虫准备温暖舒适的房子时，它们表现出的热情十分令人敬佩。但是在这之后，它们对自己的孩子都表现出了冷漠。在产卵之前或是刚刚产卵后，我进行了一次突击，在洞里捉到了母亲并放置在装满了人造土的花盆之中，它们的动作应该就会快些了。

它们并没有安安静静地工作，而是将花盆弄得杂乱不堪，本来在地道入口处的那些精致的房间不存在了！我从废墟中拿出母亲制作的粪球，重新装满土，又进行了一次同样的实验，没过多久它们就又开始了工作……无论重复多少次，它们都会锲而不舍地坚持进行自己手中的工作。

卵已经产好，一切都已经安排就绪，在母亲出来后我又捡起了粪球并排放在地面上，虫卵蜷缩在粪球里，那些阳光会让生命失去生气，这样

的情况，母亲们应该怎么做呢？然而令我吃惊的是，它们却是无动于衷的，或许这就是昆虫的本能了，已经完成的工作没有任何存在的意义，它们的眼中似乎就只有未来了。

 西班牙粪蜣螂的繁殖

对于昆虫来说，产卵是一种本能表现，可是我们用理智的经验研究来促使它们去完成这件事情。其实哲学的理解力实在是太微弱了，根本不能完全将这些结果阐述明白。所以，科学的严谨让我感到十分不安，但我的目的并不是让科学的面目变得让人憎恨。我相信人们可以讲述出美好的事物，但不要用那些令人无法理解和讨厌的术语。

我开始怀疑自己被一些假象所蒙蔽了，我想：在野外制作那些粪球是侧裸蜣螂和圣甲虫所必须的职业，它们可以说是这方面的专家了呢，可

侧裸蜣螂每天都在辛苦制作食物，对它们来说，食物需要做成团子状，能够在草地上平稳地滚动。

它们到底是从哪里学会这项技能的呢？大概是由它们的生理结构所决定的，特别是它们的长足中有几只是弯曲着的。它们为虫卵建筑、储存粮食的仓库，只不过是在地下发挥着它们滚动粪球的特长而已。可如果是这样的话，那又有什么令人感到惊讶的呢？

那"小梨"的颈部和突出的粪蛋是最难以让人解释的细节了！我们先将这些放到一边。剩下的重要问题就是，昆虫每天在地下反复不停地制作着的食物团了。对于圣甲虫来说，这个食物团只能在太阳下滚动，而不能用作他用。而对于侧裸蜣螂来说，这个食物团则是可以在草地上安安稳稳搬动的小丸。

那么还有一个问题，在温度很高的夏季，这种可以有效防止干燥的粪球到底是怎样做成的呢？如果从物理学角度来说，粪球和粪蛋的特点都不存在争议，可是它们的形状和那些要克服的困难之间确实存在着偶然关系。这两种昆虫都具有可以在野外滚动和制作粪球的生理构造，也正是因为如此，它们会一直在地下不停地从事捏粪球的工作，直到最后，幼虫们都满意地吃上了松软的食物。对幼虫来说，这是再好不过的了，可我们也没有必要因为这些而去赞扬它们的母性本能。

如果要成功地说服自己，我们需要观察另外一种食粪虫。它们平日里的生活习惯和滚动粪球的艺术与圣甲虫和侧裸蜣螂是完全不同的。而且在产卵的时候，它们还得把搜集来的粪球塑造成一个更加规则的球状。怎么样，这很容易让人产生兴趣吧？这可以说是昆虫习惯上的一个重大转变！但是，我们可以在周围找到这样的食粪虫吗？答案是肯定的，这种昆虫无论是从外表的美丽程度还是身材的健壮程度来说，都比圣甲虫稍逊一筹，它就是西班牙粪蜣螂。这类食粪虫的前胸被削成了一个很陡的斜坡，头上还竖着非常奇怪的角，很容易可以吸引你的目光！

西班牙粪蜣螂的身子看上去又矮又胖，缩起来后就更加圆厚了，就连行动起来也非常迟缓，与干练的圣甲虫和侧裸蜣螂相比，它们的确没有共同之处。而且它们的足一点也不长，如果听到了一点点可疑的小动静，

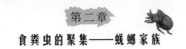
它们都会把足折在肚子下面装死呢！实在是令人啼笑皆非吧？这样的足是完全不可能与滚动粪球那样的足相比较的，只要你看到它们那短粗又笨拙的形状就可以断定，它们是一定不喜欢到处滚动着粪球进行艰难的长途跋涉的。

的确是这样的，粪蜣螂大多都喜欢安逸地定居在一个地方，当黄昏或夜幕降临的时候，只要它们找到了可口的食物，就会在粪堆下面挖洞。洞挖得看上去有些粗糙，大约有一个苹果的大小。粪堆就如同是一个小洞的屋顶，就在门槛的边缘。外面的粪便被一次又一次地运进洞口，洞里面的体积是很大的，可是却没有固定形状的粪块。这是粪蜣螂们贪吃的最有力的证据。这些粪块就是粪蜣螂们最珍贵的宝藏了！只要宝藏还在，它们就一定不会在地面上出现，而是乐此不疲地在餐桌上享用着这些宝藏，并

一个宽敞的地洞前，粪蜣螂正在将已经做好的粪团埋在地下，连碎屑也不放过，它们可真是十分节俭呀。

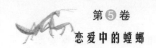
惬意地度过每一天。只有把这些储存的食物全部消化完毕，它们才会放弃
这个小小的洞穴，又开始在晚上继续寻觅新的食物，待找到了食物后便挖
掘一个新的、暂时的落脚点。

这种不需要事先加工就能将垃圾吞掉的本领，的确很了不起。很明显，
对于那些揉搓面包的艺术，粪蜣螂目前一点都不知晓，而且它们短短笨笨
的足看上去与这样的艺术没有一点的缘分。

五到六月份，或更晚一些的时候，就是它们的产卵时期了。在这些
粪料的帮助下，粪蜣螂把自己的肚子填得又胀又满，精力也异常充沛。可
就在这个时候，它们遇到了一件困难的事情——为后代准备食物。在这个
时候，它们就需要像圣甲虫和侧裸蜣螂一样，把绵羊松软的排泄物做成一
块块单独的可口"面包"。与前两者所制作的育儿粪球一样，粪蜣螂用来
做"面包"的材料也有着极其丰富的营养，它们将"面包"整个埋在了地
下，连碎屑都不肯放过，这样看来，粪蜣螂也是很节俭的了。

我并没见到它们移动自己的位置，也没见它们做搬运或者类似的工
作，就将食物运到了地洞里来。为了自己的后代，粪蜣螂重复着这样的工
作。在那个宽敞的地洞里，一堆鼹鼠尸体被挖了出来，这足以证明这里
生活着粪蜣螂。地洞深入地下二十多厘米，比它们享用食物的临时居所
要好得多。

我们还是让这只昆虫自由地完成工作吧。在偶然的机会下得到的材
料是不够全面的，并且存在着许多矛盾。对比之下，在笼子中进行饲养的
方法更加优于选择，粪蜣螂的表现也会更加顺从一下，下面让我们先来看
看关于食物的储藏吧。

借着黄昏时刻的微光，我看见它们出现在了洞口。它们是从地下爬
到上面来收集食物的。没过多长时间，它们就顺利找到了可口的食物，因
为我在它们的家门前放了许多食物，并且经常小心地进行着更换。它们的
胆子是很小的，只要有一点点动静就会做好逃跑的准备。它们慢慢地，有
些犹豫地走到了食物的旁边，用头盔翻找着，用前面的爪子拖拉着，很快

黄昏时刻，粪蜣螂从洞中小心翼翼地爬出来，打算找些食物。它们是很谨慎的，遇到一点点小动静就会立马逃走。

就拖出一堆很小的食块，可食块又不慎掉下来摔成了碎屑。粪蜣螂倒退着小心地拖动着食物，不一会儿就消失在地下了。可是过了两分钟，它们又出现在了我们眼前，依旧是那样小心翼翼，在还没有跨出门槛的时候就要先用触角对周围的环境做一番精细的调查呢。

我故意把那些粪便堆到了它们前面有一段距离的地方，这段距离对它们来说，需要冒着很大的危险才能走到。食物就在自己家的洞口和屋顶上，这才是让它们最高兴的事儿，因为这样它们就不需要惴惴不安地爬出地面寻找了。但我想到的是另一回事，我把那些食物都弄到一边是为了方便观察。渐渐地，这些胆小的家伙就放下心来了，它们开始习惯了露天寻找食物，同时也习惯了我的出现，我一直以来都是十分谨慎的。它们不停地抱住那些食物并将其拖进洞里。这些食物都是一些没有任何异样的破碎粪块，就好像用什么东西一点点刮下来的一样。

我了解其中很多的方法，但是我要想办法让它们自由自在地完成工

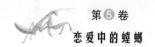
作。它们忙碌到了深夜，等到天快要亮起来的时候，地面上已经干干净净了，粪蜣螂也不再出现了。它们只用了一个晚上就将宝贝贮藏了起来，这样地面上就什么都没有了。过了一会儿，我再去笼子里进行挖掘，把那些储藏着食物的地洞挖开。

看起来地洞是个十分宽敞的大厅，屋顶并不是很平整，还非常低，可地板却是平的。在房间的一个角落里，有着一个像瓶口一样敞开着的圆形洞，这就是它们进进出出时所用的门了！这中间连接着一条倾斜的、与地面连接着的地道。这个洞在新鲜的泥土中，四周都被仔仔细细地压得很紧，所以看上去十分结实，并不会因为我的挖掘而崩坏。可以看出来，为了自己的未来，粪蜣螂已经施展了全部的挖掘才能，同样也用尽了全身的力气，终于完成了这一项伟大的建筑。

我并不确定这项十分杰出的工程是不是雌雄粪蜣螂共同努力的成果，但我经常可以看到洞穴之中有一对粪蜣螂在忙碌着。也许这样豪华宽敞的房间就是它们婚礼所用的地方，而那屋顶应该就是在新郎的帮助才得以完成的。相信这也是它们用于表达爱情的一种方式吧！在这样宽大的天花板下

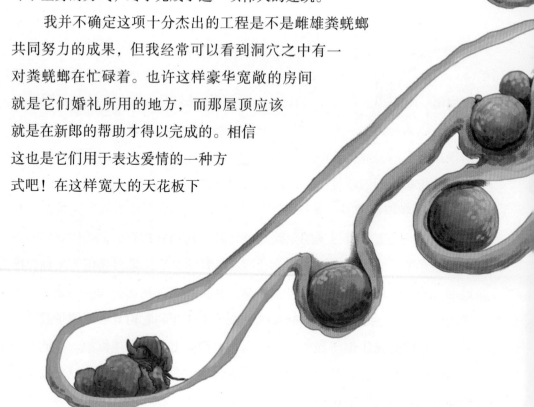

完成一场自己的婚礼。

那么雄粪蜣螂是不是也帮助自己的妻子收集和储存食物呢？对这一点，我存在着疑问。

雄性粪蜣螂是很强壮的，如果在它的帮助下将收集到的食物运送到地下室，并且共同协作，这项工程就会进展得飞快。

事实就是这样的。在小屋里的食物充足后，它就会悄悄地退出，回到地面，并且再寻找一个其他的地方安居，让雌性粪蜣螂继续着自己的生活，而它在这个家庭中的作用也就是如此了。

我曾发现很多小颗粒状的食物被运送到了城堡之中，现在它们变成什么样了呢？还会是一大堆乱七八糟的颗粒吗？答案是否定的，一整块巨大的圆形"面包"，填满了屋子，只留下一条很窄的过道，勉强可以让雌粪蜣螂转个身。

这么大的一块粪料，却没有什么固定的形状，就像是一块大大的面

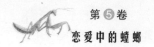

包。雌粪蜣螂将这些先后运送进来，很多的食物碎屑被聚集到一起，并被揉搓成那么一大块。在这个过程中，它做了很多混合搅拌的工作，最终才得到这样一个完整的艺术品。

 ## 西班牙粪蜣螂的保护本能

在西班牙粪蜣螂的故事中，我们所需记住的是，它们在养育后代和制作粪球的过程中所展示出来的才能。

这个种族的生殖能力虽然是十分有限的，可它们竟然依旧和那些产卵颇多的昆虫一样兴旺呢！它们卵巢的贫乏会因为母爱而得到应有的弥补。那些繁殖了很多后代的昆虫会在做完简单安排后就将孩子丢在一边，让它们自己等待命运的抉择。这些昆虫的后代虽多，但存活下来的却少之又少！它们就如同是一个巨大的工人，在为生命的宴会提供着无限的有机物。它们的大多数孩子在刚出生没多久就走向了死亡，虽然兄弟姐妹众多，但真正能活下来的，却要经历一些异常的困难。这些昆虫的生育并没有任何的节制，或许也因为如此，它们才并不知道什么是真正的母爱。

粪蜣螂的习惯却与之有着很大的不同，它们的孩子就是那仅有的，可怜的三四枚卵，所以，怎样才能更好地保证不发生事故呢？粪蜣螂的卵很少，可有些昆虫的卵却是非常多的，所以对它们来说，这可算是一场异常残酷的斗争呢！粪蜣螂们深深懂得这一点，它们为了保护子女的安全，甚至牺牲了自我而不去顾及外面的乐趣，就算是夜晚也不会出去舒展自己的身体，而是不断地挖掘新的粪堆。其实对于食粪虫来说，挖掘粪堆算是一项非常快乐的活动呢！它们完全不顾一切，只是一直躲在地下，守护在自己孩子的身边，也不离开保育室。它们每时每刻都在做着监视的工作，或者将那些寄生植物扫去，把裂缝糊上，再或者赶走那些破坏者——粉螨和小小的隐翅虫等。到九月份到来的时候，它们就会

和孩子一起重新爬上地面。而这个时候，孩子已经不需要它们母亲的庇护，可以自由地生活了！

根据我们可以探究的真理，这个产卵食粪蛋的专家将那个曾经引起我不安的理论证实了。粪蜣螂捏造粪蛋并没有专门的工具，这种加工粪蛋的技术也不会给它们带来什么好处，它们也没有什么天赋和强烈的爱好可以将这些埋下去的食物捏撮成蛋。对于这种蛋的形状，它们也是无意识的，更不懂得用这样的形状去储存新鲜的食物。可是，雌粪蜣螂靠着一种在平常生活里获得的灵感，将那些留给幼虫们的食物捏成了蛋的形状。

粪蜣螂的足既短又不是很灵活，但它们就是借助着这样的足将那些留给子女们的食物加工成了精致的艺术品。可想而知这不是一件简单的任

粪蜣螂的卵很少，所以它们对自己的卵格外保护，要么就是一刻不离地守护在卵旁边，要么就是在不断挖掘新的粪堆。

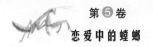

务，但是粪蜣螂却凭着自己的专心和耐心将这些困难克服掉。一般在两三天之内这个摇篮的工作就可以完成了。但这个矮矮胖胖的家伙是怎样解决问题的呢？对于圣甲虫来说，它们长长的足可以像圆规的支脚一样把自己的艺术品缠抱住，侧裸蜣螂的做法也是这样的。可是粪蜣螂的足是很短的，根本抱不住！仅仅看它们身上的装备，我们一定会认为，它们根本就没有加工粪蛋的本事。为了弥补自己这样的缺陷，它们就立在粪蛋上，一点点地做着加工的工作，而也正是因为有了这样的恒心，它们才得以完成这项艰难又伟大的任务。为了判断蛋的形状是不是端正，它们会坚持不懈地从粪蛋的这边检查到那边，正是靠着这种精神，看上去无比笨拙的它们，竟然也完成了这样艰难的任务呢！

而正是因为如此，很多人都会产生这样一个疑问：为什么昆虫的习性会突然发生了转变？它们为什么会如此不知疲倦地去做跟自己组织器官十分不相符的工作？蛋的形状到底有什么诱人的好处，使得它们花如此多的时间去完善？

关于这些问题的答案，我想是这样的：将食物堆成蛋的形状是保证其新鲜程度的重要途径。让我们再次回忆一下吧！粪蜣螂筑巢的时间是在六月份的盛夏时节，幼虫生长和发育的地方离地面是很近的，可想而知洞里一定非常闷热！所以，如果母亲不把那些食物做成不易蒸发的形状，那么在短时间内，食物就会变质。粪蜣螂的生活习惯与结构和圣甲虫有着很多不同的地方，但是它们的幼虫却很有可能会遭遇相同的危险啊，而为了避开这样的危险，粪蜣螂就采纳了大滚球的工作法则，这项法则体现出了昆虫最高的智慧。

我们将立足点放到平凡的事实上来看看，粪蜣螂的粪团形状是鸡蛋形的，轮廓有时清晰有时模糊，有的时候又会和球形相似。与侧裸蜣螂的作品相比较，它们的会显得难看一些，侧裸蜣螂的粪团呈梨形，很容易地让人想起鸟蛋，特别是麻雀蛋，而粪蜣螂粪蛋的形状则像是猫头鹰的蛋，而且一头发尖，并稍微凸起。

粪蜣螂的粪团大多是鸡蛋形的，有进也有球形轮廓有时明显有时模糊。

　　粪蜣螂的粪蛋平均长度大约为 40 毫米，宽度大约为 34 毫米，整个外表都被压得很紧，并形成了一层坚硬的外壳，上面只沾了一点点的土。如果仔细观察就可以发现，粪蛋呈尖形的那边会有一圈红晕，还有些短短的纤维懒散地插在上面。雌粪蜣螂就在粪蛋之上那挖出来的小窝里进行产卵，然后再渐渐地将边缘捏拢好，这样，粪蛋一头的尖形就形成了。

　　粪蜣螂的卵与圣甲虫和其他食粪虫的卵一样，体积庞大，如今，它又比孵化前长大了两三倍。这个湿哒哒的房子里充满着流质的食物，这是幼虫生长的必需品。鸟类的卵透过钙质外壳的气孔来完成气体交换，这种呼吸工程虽然消耗能量，却也给卵带来勃勃生气。

　　可是粪蜣螂和其他食粪虫的卵中发生的事情却完全不一样。在空气的帮助下，它们是充满了生机的，除此之外还有很多新鲜的养料，那是母亲们在产卵的时候卵巢所提供的营养补充。通过那层纤弱的膜，孵化室里蒸发的物质就渗透到了卵中，卵的体积因为吸收了这些物质而膨胀至原来的三倍。不仔细观察的话，在看到膨胀后的卵和母亲的不成比例后，你一定会大吃一惊呢！

粪蜣螂的粪蛋呈尖形的那端有一圈红晕，上面还插着一些坚硬的纤维，那里便是雌粪蜣螂产卵的地方。

这些营养所维持的时间是很长的，因为孵化的时间需要十五到二十天，在卵中吸收了那么多营养物质，幼虫一出生的时候就已经很大了，它们已经不再是我们所熟识的那种非常虚弱幼小的虫子了，也不是只有生命存在的小不点了，它们是一个健壮且稚嫩的可爱小生命，幸福地生活在小窝里。

让我们来想象一下吧！又白又滑的幼虫就如同是白色的缎子，不过头顶带着点微微的黄色。我发现它们的身体最末端已经长出了抹刀的雏形，也就是我们之前所看到的圣甲虫在堵塞屋子缺口时那个垂边的斜面。这个工具显示了圣甲虫们以后所具有的本领，而这些可爱的小虫，你们以后也可以拥有一个属于自己的褙裙呢！也会是一个成功的粉刷匠！

可还有一个让我不解的疑问——这小小的幼虫最开始的几口食物是在哪里享用的？在平时我经常会看到孵化室的内壁上闪动着暗绿色的泥浆，分泌出很薄的一片片，并且处于半流动状态的物体。对肠胃十分脆弱的幼虫来说，这应该就是特殊而美味的佳肴了吧？在最开始我就是这样认为的，可直到我看到了很多食粪虫，包括粗野的粪金龟都有着相似的特点，我就想到了一个问题：这会不会是那流质的食物精华渗透过多孔的粪料，然后像露水一样堆积在孵化室的内壁上呢？

相对来说，雌粪蜣螂是很容易观察的，有很多次在被我惊扰的时候，它们都立在圆圆的粪蛋上，并且在顶端挖了很多碗口一样的洞，可我并没有发现它们在吐东西时候的模样，所以我又马上进行了一番检查，依旧没有发现什么不同之处，大概是我错过了最好的观察时机吧！

我从饲养的那个笼子里偷了一只圣甲虫的粪球，它像是刚刚被制作好的样子，母亲正开心地滚动着呢！我将粪球表面的一小块土层轻轻刮去，并在很干净的地方戳了一个深度大约为一厘米的小洞，然后再将一只刚刚出生还没有吃过东西的粪蜣螂幼虫放在了里面，这个小窝的里面和粪蛋的中心没有什么区别，可里面没有奶油状的浆液，无论是母亲分泌的还是单纯形成的，在这样的变化下会出现怎样的后果呢？

其实并没有什么不好的事情发生，这只幼虫就如同在自己刚出生的地方一样，发育得非常不错。看来那些细腻的浆液应该就是单纯渗透的结果了。浆液平日里就这样附在孵化室上，幼虫们开始享用食物的时候，轻易就能找到。

孵化室的内壁上闪动着的暗绿色泥浆，分泌出一种薄薄的半流动物质，看上去似乎是脆弱的小幼虫的绝佳美食。

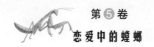

蜣螂的家族

在我所研究的昆虫之中，如果把那些有名气的食粪虫排除，再把各种职业不一样的粪金龟拿出来，到最后就只剩下普通的嗡蜣螂了。在我居住的四周，我可以收集到十二种以上的种类，那些小东西们到底教给了我们一些什么呢？

其实它们的热情程度早已远远超过了那些同行的大个子们，经常早早地跑到骡马下面的粪堆进行采集。它们成群结队地赶到那里并长时间地驻扎，忙碌在粪堆形成的阴凉又黑暗的大盖子下面，如果你把粪堆翻个底朝天，就可以发现那些聚集在这里的小生命们呢！这的确很让人惊讶，因为我们从外面根本无法看到它们的存在。其中最肥胖的只有豌豆般大小！更多的则是小小矮矮的，可它们却不会偷懒，每天勤奋地忙碌，去分解那些脏臭的东西，为大自然保持着洁净！

还有什么样的生物可以如同这些卑微的昆虫一样呢？为了他人的利益而竭尽自己的力量来完成这样的工程？

只要发现了新的粪堆，这些嗡蜣螂就会成群结队赶来，工作的时候，还有它们的好友蜉金龟的帮助呢，这样效率就会变得比以往高很多，并且可以极快地清除地面上的污秽。但不要因此就以为它们的胃口是很大的，大到可以吞掉如此多的食物。可这些小家伙们到底吃什么呢？原来是一颗小小的微粒！千万不要小瞧这颗小微粒，这可是从粪便和那些碎掉的草料纤维中精细地挑选出来的。就这样不断地分解再分解后，很大一块的粪便就化成了碎屑，一些阳光也就可以消灭这里的病菌，清风吹过，那些碎屑便散开来了。这样净化的工作就非常漂亮地完成了。这些可爱的清洁工又开始寻找新的工作场地，除非是在非常寒冷的冬天，否则它们的工作是绝对不会停止的！更不要说它们可能面临着失业的危险。而从事着这样肮脏

的工作，它们是不是和自己的工作一样丑陋而又衣衫褴褛呢？答案是否定的！在昆虫的世界中没有贫富之分。你看吧，掏粪工人们穿着华贵的贴身外衣，伐木工人穿着漂亮的上衣，嗡蜣螂也不甘落后有着自己的装扮呢！它们的服饰一向是极其朴素的，大多以黑色和褐色为主，并且有的缺少光泽，有的却闪耀着锃亮的乌黑色光芒。而在它们的底色上面还有着许多漂亮的装饰，极其优雅。

各种嗡蜣螂是不一样的，鬼嗡蜣螂的鞘翅呈现着淡淡的栗色，并且带有半圆形的黑色斑点，颈角嗡蜣螂的鞘翅上则布满了像方块字的黑色印记。斯氏嗡蜣螂简直可以和煤玉相比美了，它浑身都是乌黑发亮的光芒，并且带着一个红色的帽徽。

这些小家伙的身上再配上各种的镂刻艺术品，原本就很漂亮的衣服就几乎接近完美了呢！几乎在所有的嗡蜣螂身上都可以看到那些优美漂亮的图画，镂空的平行细纹，细小的珠串巧妙地排列着，遍布了它们的身体。

嗡蜣螂大多身穿黑色或者褐色的外衣，有的还闪
耀着锃亮的乌黑色光芒，外衣上也分布着许多漂
亮的花纹，样子优雅极了。

这些小家伙看起来的确是美丽绝伦！虽然矮矮胖胖，可走路的速度确实惊
人呢！如果仔细观察，它们的额头也是极其与众不同的，这些号称热爱和
平的小家伙们严实地武装着，像是要挑起战争的样子，可它们却从来不去
伤害别人。很多嗡蜣螂都有一把极具震慑力的角顶在头上。而接下来我们
要说的故事就是关于一对带角的嗡蜣螂的。首先是通体漆黑的公牛嗡蜣螂，
它们两只角都长长地向身后两边弯曲着，很是优美。还有一种就是叉角嗡
蜣螂，它们的身材比其他食粪虫要小得很多，武器是一把叉，上面带有三
个短小而竖立着的刺。

　　而它们就是这篇小传记的主人公了！可为什么单单只写它们呢？难
道是别的昆虫不值得去写吗？当然不是了，从每一个嗡蜣螂的身上都可以
发现许多有趣的东西呢！并且许多还是不为人知的特殊地方。我们只是需
要在这么多的种类中规划一个合理的范围，毕竟整体观察是有一些困难的。

因为这些原因，就只有嗡蜣螂可以让我来研究了。从它们的工作之中我们可以看到嗡蜣螂家族的生活方式，原来它俩刚好处于体型等级上的两个极端，公牛嗡蜣螂的体型是数一数二的巨大，而叉角嗡蜣螂则是最小的。

先来看看它们的巢穴吧！让我出乎意料的是，嗡蜣螂的巢穴建造得竟然非常差劲，它们不像侧裸蜣螂那样在阳光下幸福地滚动着那些小球，也并不在工作室里辛勤地制作粪球，或许是因为它们更加专注于那些分解垃圾的工作吧！它们有更多重要的活儿，并没有多余的时间去做那些费力的事情，它们要以最快和最简单的方法得到食物。

它们会根据挖掘者的体形来调整大小并挖一个垂直的小坑。叉角嗡蜣螂窝的直径和一支铅笔相似，而公牛嗡蜣螂窝的直径却有两支铅笔那么粗。幼虫们的粮食紧密地堆在了底面贴着墙壁的地方，四周并没有一丝空间。雌虫在这并不能自由地走动，更没有办法制作糕点，因为这个地方没有通道，甚至一个角落。

七月底的时候，我破坏了几个叉角嗡蜣螂幼虫的巢穴，看到了一个十分明显而粗糙的工作。虽然我们的制作工人们身材精致娇小，可它们的工作简直粗糙得令人咋舌！我只看见那些稻草乱七八糟地混堆在一起，笔

嗡蜣螂的巢穴建造得十分粗糙，它自己也毫不在意，只是专注地在这里做着分解垃圾的工作。

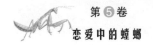

直地立在中间，十分难看。这一次，它们的食物是骡子的粪便，或许这也是它们的巢穴不太美观的原因吧。巢穴大约14毫米长、7毫米宽，因为被雌虫碾压过，所以上面是有点凹的。底面呈现出圆形，是在洞底做的模型制作而成的。我把这个粗糙的工程一小块一小块地剥下来并认真地观察，看见了顶针下面大约三分之二处有一大块是幼虫们的食物，它们亲密地连接在了一起。上面几乎都是卵，藏在凹下去的盖子下面。

公牛嗡蜣螂的巢穴并没有什么特殊的地方，体积大了些，与其他的叉角嗡蜣螂差不了多少。我并不知道它们是如何建筑巢穴的，这些小个子的家伙们极其隐秘地保护着它们建筑的巢穴，这点倒是与大个子们一样呢。

有一种虫子满足了我好奇的心理——黄腿缨蜣螂。

在七月的最后一周，我从粪堆中抓到了一只黄腿缨蜣螂，在粪堆下面隐藏的一大群嗡蜣螂中，只有那么一只缨蜣螂，它因为迅速地退到了一个敞开的洞里才引起了我的关注，我向下挖了一些，就抓到了那巢里的宝贝和它的劳动果实。

我将缨蜣螂安放在一个水杯里，然后再放在一层压得很紧的土上。我准备了很好的材料，即富有弹性的绵羊粪便，圣甲虫和粪蜣螂也同样喜欢这样的食物。缨蜣螂在将要产卵的时候被我俘虏了，它很满意地按照我的愿望生活了，仅仅过了三天就产下了4只卵。我想如果不是我的好奇心打扰了这位母亲，或许它产卵的速度会更快吧。雌虫在粪堆的底部切下了一块满意的粪料，它会先在粪堆下挖一个洞，然后缨蜣螂就把刚切下的粪料拖进洞里去了。

为了给它充足的工作时间，我等了三十分钟。然后，我把水杯翻转过来，趁着母亲专心工作的时候捉住了它。

开始那小块粪料逐渐变成了一个袋子，雌虫就待在那袋子的底部，因为我的突然注视它有些惊慌，用头盔和足将粪料涂抹再挤压。又过了一会我去再次观察，它的工作已经结束了，小巢看起来如同一个顶针一样。

对于嗡蜣螂和缨蜣螂来说，首先最大的危险就出在它们储存食物的

为了观察缨蜣螂是如何建造巢穴的，我从粪
堆中抓来了一只，将它安放在玻璃水杯中，
又在杯中放上了一层压得很紧的土。

柜子上，那柜子的体积非常小，不考虑形状的问题，更不考虑会不会蒸发，加之与地面靠得很近，很容易受到干旱作用的威胁，如果幼虫的食物变质，它们只能悲惨地死去。

我在它们储藏室的一边开了个口，为的是可以清晰地观察里面的事情。我把它们放进了玻璃试管里，用棉花把管子塞紧并放到阴暗的地方。就算是如此，它们还是要过几天干旱的日子。

这些饥饿的家伙们连动也不动，它们无法咬动那些干燥的"面包皮"，皮肤也开始变得皱巴巴的，两个星期过后出现了濒临死亡的现象。于是我把管口的棉花换成了湿的棉花，于是管子开始变得湿润膨胀，濒死者又活过来了！

湿润的棉花就如同是下雨前堆积的阴云一样，我提供的人工降雨让它们复活。八月份是炎热的季节，极少有降雨，与我的人工降雨的出现几率相比，简直是微乎其微。那它们是怎样使那些食物保持滋润的呢？

我观察发现，它们并没有任何抗旱措施，幼虫在濒死的状态不停地

期待着能有几个雨点来拯救自己，种族的繁衍可不能就这样全部寄托在节俭上啊！

原来它们有更好的办法呢，这是母亲本能赐予的。那些粪蛋的加工者，它们在粪料下面直接挖洞，它们极其喜欢骡马的粪便，在结实的垫子下没有恐怖的风吹日晒并且还有着湿润的空气，这样一来，它们的食物就可以保持原来的松软和清爽了！

为了避开风吹和日晒，蜣螂有时候会选择在粪土下面直接挖洞，将食物保存在湿润的洞中，来保持新鲜和松软。

第三章

华丽的贵族

——粪金龟

昆 虫 档 案

昆虫名：粪金龟

绰　号：屎壳郎，推粪虫

身世背景：全世界约了2300多种，分布在除南极洲以外的任何一块大陆，表面呈黑褐色，头部较小，主要以动物的粪便为食，因此而得名

生活习性：常将粪便制成球状，滚动到可靠的地方藏起来，然后再慢慢吃掉或者留给自己的后代；因为极爱推粪便，被人们称为"自然界的清道夫"

喜　好：滚动，清理，收集各种粪便

 粪金龟的卫生与习惯

　　在暖洋洋的春天聚会上，食粪虫被自己的孩子们围在中间，家庭成员也增长了一两倍呢！这种情况在昆虫的世界其实是非常少见的。那些本能出色的蜜蜂在把蜂蜜的罐子装满后就会死去。而蝶蛾只是打扮得非常出色，它们找到合适的地方固定卵后也会很快死掉。步甲虫穿着极其厚重的护胸甲，把卵放置在碎石下后，自己的身体也完蛋了。

　　群居昆虫和其他的昆虫就是这样的。昆虫刚刚出生便成为孤儿是大自然最普遍的规律，或许是由于某种特殊的变化，这些看上去做着低下工作的食粪虫们却逃过了这样的劫难，并且欢快地享受着每一天，直到生命老去。

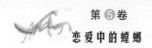

天使鱼楔天牛蛋黄色的衣服上竟
然还有一层黑色绒毛作为漂亮的装饰，
它喜欢到干枯的梅树家里做客；步甲那发
黑的鞘翅上点缀着紫水晶般的滚边；而吉丁
会将自身的火红搭配着孔雀蓝的高贵，还能结
合着黄金所放射出的光芒。下面让我们来说说这
些鞘翅目昆虫吧。当别的昆虫还极其稀少的时候，
它们已经非常多了，尤其是那些个头很小的虫子。我曾
在一个粪堆下面发现了成千上万只嗡蜣螂和粪金龟。

我们这里之所以常常见到食粪虫，或许长寿也是其中的原
因吧！食粪虫父母和孩子可以一起参加美好的宴会，加上它们算是
多产，因此我们可以一而再、再而三地看到它们。

我想，它们为自然界做出了如此大的贡献，应该也配得上如此长的
寿命了吧。或许为了让乡村保持洁净，大自然可以说是费尽了心思，可它
对城市的整洁程度可以说是漠不关心的。大自然为田野创造了两种清洁工，
这些清洁工不会因为任何事情而感到厌烦和放弃。第一类是苍蝇、葬尸虫、
阎冲等，它们会把尸体解剖切碎，在胃中把尸体的残骸研磨消耗，最后归
还给生命。

鼹鼠被人们的家具割破肚皮，露出内脏，悲惨地躺在田间的路上。蛇被人们踩死，一动不动地躺在那里。鸟儿还没有长出丰满的羽毛就从窝中掉了下来，被踩成了肉酱。很多这样的残骸都没有人去清理，可这些尸体很容易污染环境卫生。可不用去担心呀，因为只要哪里有比较显眼的尸体，那些小家伙就会挖空尸体残骸的肉质，将尸体吃得只剩骨头，使环境卫生变得令人十分满意。

另一类清洁工在干活的时候同样也充满了热情。城市中那些能够减轻我们负担的厕所在乡村是无法看到的。一个农民如果想找个隐蔽的地方如厕，一定会避开人群，选择荒草丛生之处。当不明就里的人拨开那些苔藓和长草时，就会发现一堆可怕的东西，我想他一定会吓得拔腿就跑！而第二天人们就再也看不到那摊东西了，因为它已经被食粪虫消化得干干净净了。

对这些勇敢的小家伙来说，防止那些可怕的东西出现在人类的世界中，是它们的使命。科学研究证明，在微生物中，可以找到很多有关人类

食粪虫总能充满热情地处理粪便，因此也被称为"自然界的清道夫"。

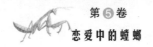

的可怕灾难。那些令人害怕的病菌四处串流着，在动物的排泄物之间也孜孜不倦地繁殖，会污染空气、水源、至关重要的粮食，甚至会通过人们的一床被褥传播病菌。而带着这些病菌的东西必须用火烧灼或者用消毒剂消毒，再或者深深埋进土中，才能被消灭掉。

谨慎起见，我们不能将垃圾存放在地面上。人们处理垃圾最保险的方法就是让其消失。

很多掩埋工作对环境卫生有着极其重要的意义，我们理所当然地成了这种净化工作的受益人，可我们却对其表现出了轻蔑，还给它们起了很难听的名字。很多帮助到我们的动物，为我们做了极其大的贡献，为的只是让我们给它们一点点宽容罢了。

为了保护那些被丢弃在阳光下的垃圾，粪金龟竭尽全力，它们在垃圾卫士中是非常有名的。它之所以有名，并不是因为它们清理垃圾比别的工人们要勤快，而是因为它们的身体可以承受更重的工作。还有，在它们想恢复自己体力的时候，它们竟然会选择那些让我们感到极其可怕的东西下手。

我家旁边从事这项工作的粪金龟一共有四种，其中最为少见的是变粪金龟和具刺金龟，所以我并不把它们当成我研究的对象。粪堆粪金龟和黑粪金龟却是非常常见的，它们背部乌黑，胸前穿着华丽的衣服。让我感到吃惊的是，它们的身上还带着漂亮的首饰！粪堆粪金龟脸部的下面带着如同紫色水晶一样耀眼的首饰，而黑粪金龟用的是黄金散发出的光芒做点缀。

我一共饲养了十二只这两种粪金龟，想看看它们一次可以掩埋多少东西。接近黄昏的时候，一只骡子在我家门前排出了一大堆粪便，我把这些粪便全部给了我饲养着的粪金龟们，那些粪便我几乎装了一筐子！

而我吃惊地发现，第二天早晨的时候，粪便全部消失不见了，只留下一些碎末。我计算了一下，如果将这些粪便分成十二等份，那么每只粪金龟就拥有将近十立方厘米可以掩埋的粪料，它们那样小，却在一夜之间将粪便全部运进粮仓，工作效率真是令人吃惊啊！

　　它们储存了这么多的食物，会不会就安静地守护着自己的食物待下去呢？答案是否定的。这最美好的时刻，正是可以外出寻觅食物的好时机。牧群正从路上经过，它们就会爬到地面，向食物发起攻击。

　　就算食物已经非常丰富了，可粪金龟们仍然会在太阳西下的时候离开收集的食物，去寻找新的开发地点。对于它们来说，或许得到并没有什么意义，没有得到才是最有意义的。可它们在黄昏的时候新建的仓库有怎样的意义呢？原来，这些昆虫们完全不可能在一夜就将食物消化掉，可它们并不满足已经拥有的这些食物，仍然每晚都出去找食物，并不断往自己的粮仓里搬运着。

　　可以说，粪金龟在哪里都有存放粮食的仓库，无论它碰到哪个，都可以从里面提点食物出来，剩余的就通通扔掉了。而那些剩余的粪料和新的几乎没有什么区别。通过饲养，我了解到了这些虫子作为掩埋工作者的本能，比做消费者强烈得多。笼子里的土很快就变高了，所以我只能将水

就算食物已经非常丰富了，可粪金龟们仍然会在太阳西下的时候离开收集到的食物，去寻找新的开发地点。

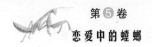

平线拉扯回需要的界限。如果我将那些土挖开，就可以看到里面堆满了粪料，笼子里的泥土早已经变成了粪土的混合物。为了不影响以后的观察，我必须将它们清理干净。

从食粪虫的掩埋工作中受益的还有一些植物和植物引起连锁反应的一大堆生命。被粪金龟埋在地下的东西到第二天扔掉并没有完全失去价值，生长其上的植物会变得极其茂盛。

人类总是希望所有的东西都能给自己带来利益，这并不是一个很好的习惯。因此相对而言，食粪虫的工作真的是非常了不起的。

经过农业化学的证明，如果想让畜棚里面的肥料更加完美地被利用，那么就要在肥料还很新鲜的时候将它们掩埋起来。如果肥料经过雨水的浸泡和空气的蒸发，肥力就会消失不见，效果也会散去。粪金龟们是很清楚这个道理的，所以在进行掩埋粪料的工作时，它们总是会挑选非常新鲜的粪料。然而对那些经过了长时间太阳暴晒变得毫无松软度可言的粪料，它们完全不去理睬，因为它们对失去了价值的粪料是没有任何兴趣的。

太阳落山后，粪金龟们便会离开洞穴。在温度适宜的傍晚，它们借着太阳的余光低低地飞着，找寻着可能会出现的食物。

粪金龟不但是清洁工、收集工，还是一个敏锐的气象学家呢！如果在乡间的傍晚，成群结队的粪金龟飞奔出来收拾地面，第二天一定会是一个好天气。

太阳落山后，粪金龟们就会离开洞穴。如果环境安静优雅，有着适当的、较高的温度，它们就会借助傍晚最后的一丝光亮到处低低地飞着，寻觅着白天可能留下的为它们准备的丰盛食物。倘若找到了合适的食物，它们就会飞快地冲下去，很多时候还会因为冲得过猛而跟跄摔倒。

对粪金龟而言，有一个工作条件是完全不可缺少的，那就是空气一定要很热，如果是下雨的潮湿天气，它们一定不会出来觅食，因为地下那些丰富的食物完全可以去应对长时间的失业。如果天气很冷，它们也不会出来寻找食物。

粪金龟们不会在潮湿的下雨天和寒冷的天气里出来觅食，它们有着敏锐的感觉系统，可谓当之无愧的天气预报专家。

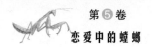
每当天气舒适的夜晚，粪金龟就会在笼子里变得不安起来，想着要赶去黄昏时该做的工作。第二天的时候，天气晴朗，预兆极其简单，今天的好天气是昨夜工作的继续。如果粪金龟不知道这么多的话，它们也完全不配享有这样的声誉了。

举例来说，一个美好的夜晚，我单单通过去看天空的情况，凭着自己的经验来看明天一定会是一个非常好的天气，可那些粪金龟的意见却是与我的相反的，它们并没有忙碌地出来工作。猜测我们的想法谁会是对的呢？最后是粪金龟胜出了，它们的感觉实在太过敏锐，真的是当之无愧的天气预报专家呢！

 **建筑师粪金龟**

在泥土湿润的时候，圣甲虫们就可以完全冲破那束缚着它们的牢笼了呢！在这个时候，粪堆粪金龟和黑粪金龟已经在为它们的后代建造房屋了。虽然小家伙们都可以以挖土工的身份自居，可它们的建筑却是极其粗糙的，简直让人们怀疑它们到底配不配有这样的一个称号。如果只是挖掘一个可以躲避寒冷冬天的场所，粪金龟倒是名副其实的，因为无论是挖掘的深度还是工程的完美程度，都没有人可以比得上它们呢。

我在泥土中发掘出了一个大约一米深的洞。有很多粪金龟还可以挖掘得更深一些，这是我无法企及的。粪金龟是个熟练的挖井工人，无人可比。如果遇到了寒冷空气的侵袭，它们就可以躲藏到那深深的地洞之中，再也不用担心冻着了！但给自己的后代修建巢穴就是另一回事了。对它们来说，适宜的季节实在是太短，如果粪金龟为每个卵都留下一个安全的地下堡垒，时间是绝对不够的！如果想挖掘一个非常有深度的地洞，粪金龟就一定要把进入冬天之前的那些时间全部用在这上面，因为它们没有更好的办法了！

粪金龟都是熟练的挖掘工人，它们会挖掘一个一米多深的洞穴，用来躲避冬天的寒冷和风霜。

　　粪金龟们努力将这个遮风挡雨之处修建得更加安全可靠，一刻都不停歇地劳动着，其他的事情就只能暂时停下了。可如果赶上了产卵的时期，它们就更没有办法再去做这些辛苦的活动了。

　　它们可以在四到五个星期的时间内给子女建造好房屋并准备好粮食，接着它就几乎不会再长时间地耐心钻井打洞了。

　　而且粪金龟还需要花费不少的心思来预防那些来自地面的威胁。它们把自己的后代安置妥当后，就没法继续保护它们了，而且还得给自己找个安全的营地呢。春天到来后，它们再从那里钻出来，同孩子们相聚，这点就如同粪蜣螂一样。但是，幼虫和卵就不再需要这样的过冬营地了，父母们已经准备好了设备来给它们足够的保护。

　　粪金龟挖掘的地洞同西班牙粪蜣螂和圣甲虫的相比，其实也深不了多少的，大约只有三十厘米，但当它们待在被饲养的笼子里时，因为泥土的局限，深度的数据有可能出现变化。粪金龟没有办法，只能用我提供给

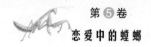
它们的土层了。但有很多次我都发现那些土层并没有完全被挖到木板上，而这同样也就证明了，地洞是没有必要挖得那么深的吧。

不管在哪样的环境中，它们通常是在开采的粪堆下进行挖洞活动的。倘若从外面看，人们是无法发现下面有一个小洞的，因为那个小洞已经被排泄物遮挡掩埋了。它们的地洞是一个圆柱形的窝。倘若地洞所处的土质是均匀的，那么地洞便是垂直的，相反，如果土质粗糙，地洞就会非常不规则，并且无比弯曲，因为里面会布满石头和树根，这些都是它们的障碍，并且迫使它们改变了地洞原来的方向。就算是在我饲养的笼子里也会碰到这样的状况，当土层的厚度不够时，那些垂直下挖的小洞就会在碰到木板时候弯曲成一个肘的形状，并向水平方向延伸开来。于是，这成了粪金龟们挖洞的准则。

这些昆虫们都有加工粪梨或粪蛋的功底，可是在这里，它们就算到了工地的尽头也无法找到，它只是一个死胡同罢了，和其他地方并没有什

粪金龟们会集中四到五个星期来为幼虫修建巢穴和准备食物，之后，它们便不会再这样专心修建洞穴了。

粪金龟制作的粪肠底部和它的地洞一样，是圆形的。它用力将粪肠中心压紧，使得上面的部分几乎全部凹下去了。

么区别，甚至一些土质不是非常均匀的地方还会有凸出和弯曲。

这个洞里所容纳的东西和一节粪肠很像，把这个地下通道塞得很满，地道紧紧地挤在了一起。粪金龟的粪肠不过二十厘米左右，宽四厘米，而黑粪金龟的体积要更小一些。

粪金龟和黑金龟的作品都可以说是不大规则的，有的略微弯曲，还有的看上去竟是坑坑洼洼的！那么导致这些的原因是什么呢？是因为那些坎坷的石头地罢了。粪金龟们不喜欢曲折蜿蜒的地方，无论是直线或是垂直，它们也没有办法总是遵从法则去挖掘那些地道。而和地道紧紧贴在一起的粪料也不是足够规范的模具。粪肠的底部和地洞几乎都呈圆形，因为粪金龟十分卖力地将中心压紧了，所以粪肠上面的部分几乎全部凹下去了呢。

这节粪肠可以分为一层一层的，并且每层都是圆盘的形状，它们堆放在一起十分有趣，很容易就让人想到一摞叠放在一起的玻璃钟表呢！我们可以清楚地辨认粪肠的每一层，分量与粪金龟抱着的粪料是差不多的。

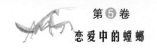

在地洞的面上，粪金龟会找到一个合适的粪堆，然后再去采集粪料，采集完成后它们会把那些粪料运输到洞里，并放置在上一次堆放的那层上，并且用力向下踩。可是那些薄薄的粪料边缘却是非常难挤压的，于是就需要比别的地方高出一些。完成以后，这堆粪料就会像一个向下凹陷的弯弯半月一样。那些边缘压得不算太紧的粪料就形成了粪肠的表皮，并且和地洞的内壁紧紧地挨在了一起，也沾上了土。我们就这样了解了粪肠的制作方法。

它们是多么聪明的生物，从那不断运输进地道的粪料来看，那绝对是不容小觑的数量。假如粪金龟不在原地提取材料，而是跑去很远的地方寻找材料，再将它运输回来，那么它们应该难以胜任这个任务了，因为这毕竟是需要大量的时间和惊人的体力的。粪金龟的技术与圣甲虫的自然是没有办法相比的了。所以经过了反复思考，它们就在粪堆下面建造了自己的家庭，这样可以保证只要一出门，脚下的粪料就足够用来做粪肠了，并

粪金龟将自己的洞穴建造在粪堆下面，这样就可以有取之不尽、用之不竭的食物了呢。

且还取之不尽，用之不竭呢！

这自然也取决于它当初开采的工地到底可不可以提供新鲜而足够的粪料，如果粪金龟是为了自己的孩子来工作的，那它们绝对会注意到这个问题，也绝不会去采用绵羊的粪便。但它们只是用骡马留下来的粪料，因为绵羊的排便量实在是太少，而在这个时候，食物的质量并不是最重要的问题，数量反而成了最重要的。我通过观察饲养在笼子里中的粪金龟证明了这个事实，如果绵羊的粪便量足够，那它产下的东西便会是最受欢迎的食物。可绵羊却没有这样的觉悟。但为了达到目的，我把分散的羊粪聚集在了一起。在田野里是绝对不会出现这样的情况的。我的那些小家伙们都很有干劲，它们十分满意这样的天降之财，干得热火朝天。

粪肠的底部便是它们的孵化室了，形状是圆形的。孵化室就是一个圆圆的孔，可以放下一个中等个头的榛子。孵化室的内侧有着比较薄的侧壁，方便空气自由流通，更是方便胚胎的呼吸。如果向孵化室的内部看去，就可以发现一些白色的，闪着光的黏液，这和西班牙粪蜣螂和圣甲虫的孵化室是一样的。

圆形的孔就是卵的睡床，它同周围没有任何的接触。卵是白色的，呈长长的椭圆形，倘若与别的昆虫的体积来做对比的话，它的体积是十分惊人的，长约七八毫米，宽四毫米多一些。

接下来让我们来谈谈粪金龟的粪肠吧，它的形状看上去和西班牙粪蜣螂、圣甲虫的粪球是完全不同的。西班牙粪蜣螂和圣甲虫都花费了无数心思去制造粪球，它们可以把粪球捏成长久保持湿润的形状，以防止干燥，并且效率高得惊人呢！粪球的数量是很大的。不仅如此，它们还可以把粪球制作成各种各样的形状——鸡蛋形、长颈梨形，这样孩子们的食物就可以长久地保持新鲜了呢！可粪金龟似乎就没有这么聪明了，它天生似乎就是笨笨的，认为自己孩子的食物只要足够多就行了，更不会去想那一堆粮食是不是很漂亮，只要把粮食在地道里塞满，它们就心满意足了。

粪金龟是不会去躲避干燥环境的，它们看起来似乎很喜欢干燥的环

粪金龟更喜欢在秋天建造巢穴，被秋雨淋湿
的土壤是它们天然的保护层，能最大限度地
保证食物的新鲜。

境，如果你不相信的话，就和我一起来看看它制造的粪肠吧。那些外形奇形怪状的粪肠被马马虎虎地揉捏在了一起，而且没有不渗水的外壳，表面的面积也有些过大了，几乎所有圆柱的面都和泥土相互碰触。而这些特点，其实都是可以快速干燥的非常好的措施呢！

　　与圣甲虫和其他昆虫面积越来越小的措施相比，它们恰恰相反。如果这样的话，从逻辑上看来，我概括的它们的食物形状应该是很有道理的。

　　一般它们都在夏天最炎热的时间去制造粪球和筑窝。那时的土壤是十分干燥的，但是对于那些制造圆柱子的粪金龟来说，秋天才应该是它们最正确的选择呢！它们在这个时间所挖掘的巢穴经过了雨水的滋润，土壤被浸透。前者需要为它们的下一代解决食物变质的危险，而后者就没有这样的必要了。虽然它们的食物没有前者那样形状所给予的保护，但是潮湿的土地就可以说是它们天然的保护神呢！这个季节的湿度和夏天是非常不一样的，绝对可以让伏天需要的小心变得非常多余。

如果加深研究就可以发现，在秋天到来的时候，将粪料加工成圆柱体似乎要比揉搓成球的形状更好一些。到了九月份、十月份阴雨绵绵，但只要天气一晴朗，阳光就可以把粪金龟的巢穴晒得干干的了！

年幼的粪金龟们

一般粪金龟都是在产卵后期需要一两个星期来进行孵化的，大多都是在十月的前两个星期。幼虫的生长速度是让人瞠目结舌的，没过多长时间，在它们身上就可以显现出和别的食粪虫幼虫很不相同的地方，让人感觉如同来到了一个新奇的世界。

由于地方过于狭小，幼虫们会选择将自己的身体对折成钩子的形状。它们会渐渐凿空自己的房子，使粪肠的内部也一起消化掉。圣甲虫和西班牙粪蜣螂以及其他的食粪虫的幼虫也是这个样子的，可是其他的幼虫都长着极其难看的隆起的后背，可粪金龟的幼虫却是没有的。它们的背弯曲得恰恰很有规则，没有褶裉，而且生活习惯也和其他幼虫有所不同。确实是这样的，粪金龟的幼虫是不知道如何去堵塞那些缺口的。我将粪肠切开了个口子，看到它并没有出来，于是我立刻去缺口的地方看看，用装有水泥的抹刀把缺口补

由于地方过于狭小，粪金龟幼虫会选择将自己的身体对折成钩子的形状。它们会渐渐凿空自己的房子，使粪肠的内部也一起消化掉。

好。从外表上看去，空气进到里面并没有让幼虫们产生不适的感觉，也可以说是在它的预防措施里根本就没有想过可能有空气会进去吧！

确实是这样子的，我仔细观察了一下它们住的地方，如果住处不会裂开，那它们也就不需要有粉刷匠的本领了。圆柱形的粪肠被压得非常结实，也可以说靠着模具它是绝对不会裂开的。圣甲虫的粪球是在一个宽广的地洞里，并且周围没有任何东西的约束，所以才会出现肿胀开裂以及剥落了鳞片的现象。

粪金龟的粪肠是被紧裹在一个套子里面的，所以不用担心它会变形。就算偶尔会出现裂缝，也并不会有什么样的危险呢。因为现在处于土地凉爽的秋冬季节，所以不用去担心那些滚动粪球的工人所害怕出现的干燥的问题。它们没有什么特别的技术去担心一个几乎不怎么可能出现的问题，然而就算出现了也不会有任何危险的影响。

它们并没有那些可以修补仓库漏洞的工具，也没有那很丑的隆背。我最开始研究的那种不会干枯的排泄之王从此也消失不见了，取而代之的是一只身体机能不错的小幼虫。

虽然粪金龟幼虫身上沾满了脏东西，可令人难以置信的是，它们的皮肤是光滑的，泛着绸缎一样的光泽。

像它们这种胃口很大的食客，躲避在一个与外面没有任何联系的房子里，当然不会明白我们口中的干净是什么。当然，不要认为这句话是在陈述它全身上下沾满了脏东西并且很脏，这个想法是错误的。让人难以置信的是——它们的皮肤是光滑的，像绸缎一般，没有比它更加富有光泽的了。人们通常的想象是，这些虫子是以垃圾为食的，那它们到底是做了什么样独特的清洗，在什么样的位置上才把自己的身体保持得这样干净呢？如果你可以在它们平常生活地方之外看到它们，你一定就不会觉得它们生活的地方有多脏了！

我们在经过了综合思考后，把那些对昆虫有好处的优点归为了缺点，那么说它们是不干净的，似乎也不太合适吧？

幼虫的胃口其实是很大的，和外面的世界也没有多少联系。可它们到底是用什么方法去处理那些消化过的残渣的呢？答案是——它并没有将那些残渣处理掉，而是从那里面得到了一些好处，就和那些隐藏在蛹室里面的蛹是一样的。它们用垃圾把缝隙堵得结结实实，并在屋子的地上铺了柔软的垫子来犒劳自己娇嫩的皮肤。它们还用残渣做了一个不透水的光滑小窝呢！这个小窝可以保护它安全地度过寒冷的冬天。

让人讨厌的东西竟然变成了宝物！这对幼虫来说是很有用的东西。我很早前就对嗡蜣螂、西班牙蜣螂、圣甲虫和侧裸蜣螂们的技艺无比熟识了。

粪金龟的粪肠其实一般是竖着排放的，并且稍微有些垂直，而用来孵化幼虫的地方就在下面，若虫在生长的同时就开始攻击上面的食物了，但它们是从来不会去触碰周围的墙壁的。幼虫们的屋子是很大的，墙壁也十分厚实。圣甲虫的幼虫们是不需要度过冬天的，因为它们的食物少得可怜，只有那么一个小小的粪梨，刚好足够它们消耗完毕，只留下一层薄薄的墙，因此还需要拿点水泥将墙壁变得更加厚实一些。

粪金龟幼虫们的条件是完全不一样的，它的那根粪肠是圣甲虫粪梨的十几倍大呢！虽然它天生就有很大的胃口，可要把那些食物完全消化干净几乎是不大可能的。因为要度过寒冷的冬天，可并不是只有食物就足够

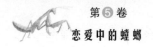
了！还有其他的事情。或许是因为它们的父母早就预料到了冬天不会太寒冷，因此就给自己的孩子准备了粪肠来抵御严寒。

幼虫们就这样慢慢地吃掉了头顶的食物，以至于在粪肠里面钻出了一个可以勉勉强强通过的道路，但它不去碰周围的墙壁，只是吃掉中心的食物罢了。它们在粪肠里面一边凿洞，一边排出更多的残渣作为水泥糊墙，还做了一个柔软的垫子。就这样，那些多出来的排泄物被它们丢在了身后，变成了一道可以保护自己的墙。

如果天气晴朗的话，幼虫们就会在洞里面来回地走动，用它那懒懒的颚吞食着食物。在这样吃吃喝喝地度过了五六个星期后，冬天就要来临了。幼虫们开始变得麻木，它们在几乎已经变成了石膏的消化物里扭动着自己的臀部，钻出一个滑溜溜的小窝来，然后把自己用一个圆床顶遮挡住，就躲在里面舒舒服服地冬眠啦！

十二月份的时候，幼虫几乎就已经成熟了，如果温度合适也该化成蛹了。但如果天气十分寒冷的话，幼虫就会很小心，把这复杂的变化向后推推。虽然它们已经变得十分强壮，可这样一个新生的生命还是非常脆弱的。幼虫抵抗寒冷的能力要比蛹强一些，因此幼虫就开始安心地在昏睡中等待蜕变了。

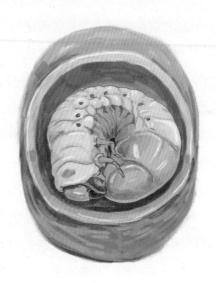

冬天来了，幼虫宝宝扭动着臀部，钻出了一个滑溜溜的小窝，躲在里面舒舒服服地冬眠了。

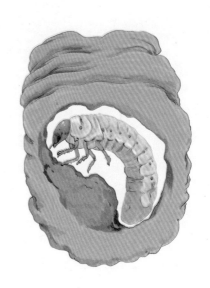

我仔细地观察了它们。幼虫的背部是向外凸起的，腹部很平，整个看上去就如同一个半圆的柱体一样。它的身体弯曲成了钩子的形状，并没有长如同别的食粪虫幼虫那样隆起的背，尾巴也没有抹刀，不具备粉刷匠的能力和技术。

它们的身体洁白光滑，后半部分有些发暗。这是因为它们的肠子里装了黑色的东西。长在背后中央的那些纤毛是很稀疏的，长短也不一样。幼虫只能用它们的臀部在窝里活动着。它们的头部呈现出淡淡的黄色，并不大；颚尖的颜色深一些，十分有力。

下面我来说一说它们的胸因为有足而显现出来的特点吧。

它的前足对于这样一个总是懒在窝中的昆虫来说是很长的。它们的两对前足结构很是正常，并且十分强壮，可以把粪肠掏空成一个洞。第三对足如果你看到的话，一定会觉得很是特殊呢！我从来没有见过这样的例子。这对已经退化的足像是有残疾一样，行动起来十分不方便，在生长的途中十分突然地就终止了，并且没有了生气，长度也只有前两对足的三分之一大小。它就这样特殊地蜷曲着，连关节都显得十分僵硬！我从来没有见到过幼虫使用这对看似残疾的足，几乎可以用萎缩来描述它。这个发现让我感到无比吃惊。一只幼虫生来就如此残疾，怎么会不引起人们的注意呢？

我还观察发现，粪金龟成虫的后足要比前足长一些，并且看上去更加结实和有力。幼虫蜷缩的后足就这样变成了成虫强壮的压榨机器——残肢竟然变成了有力的工具？这奇怪的变动到底是怎么来的呢？我已经在开发粪堆的虫子身上连续多次看到了这样的情况。圣甲虫幼虫所有的足都是健康的，可是长大变成了成虫后，前跗节就被截断了。嗡蜣螂在蛹里时胸部长了角，但在最后的时候却消失不见了。粪金龟的幼虫看上去分明是个

可怜的瘸子，可到最后它们却把这没有用处的残肢进化成有用的工具。相对而言，前两个是退化，而最后一个却是进化。

幼虫在粪肠的下面给自己做了一个窝，那在冬天到来的时候它会变成什么样子呢？为了得到答案，我做了一个观察。我把它们一直放在外面，温度到了零下，非常寒冷。可我没有办法观察到什么结果，因为前不久的一场雨淋湿了笼子里的土层，土壤已经硬得和石头一样，几乎取不出来了。如果强行取出，那震动会让幼虫处于危险之中。如果这里面还有生命的话，这巨大的温度差一定会让它们受到伤害的，所以只能等到泥土自然地融化。

三月份的时候，冰冻消失了，泥土变得松软和容易挖掘。我看到所有的粪金龟都已经死掉了，只留下一根粪肠，和我曾经收集得到的那一根一样大。它们到底是死于寒冷还是年老呢？

对于成虫来说，那样低的温度几乎是致命的，但幼虫在这种温度下却不会受到伤害。我十月份时挖出的几根粪肠当初都放在了原地，可至今里面的幼虫活得还是很好的。这个具有保护作用的外套已经充分发挥了作用，抵抗了那夺取父母生命的恐怖低温。

第四章
有趣的昆虫故事
——蝉与蚂蚁

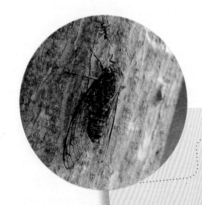

昆虫档案

昆虫名：蝉

绰　号：知了，蛣蟟

身世背景：属昆虫纲半翅目颈喙亚目，生活在温带或热带地区，已有记录的约有2500种；雄性腹部有发音器，能持续不断发出声音，雌性不能发声

生活习性：成虫靠吃植物的汁液为生，幼虫生活在土里，吸食植物的根；属于不完全变态类，由卵、幼虫，经过一次蜕皮变为成虫

喜　好：在炎热的夏日"唱歌"

 蚂蚁和蝉的故事

在这个世界中，很多名声都是靠着传说和故事传播开来的。那些各种各样的故事大多都显露出了荒谬的说法，从而引起了人们的注意。关于昆虫的传说和故事也绝不在少数，要是想知道它到底是以怎样的方式来引起大家注意的，那应该就是民间的传说了，可那些民间的传说，却一点都不在乎故事的真实性。

相信谁都听说过蝉，放眼整个昆虫世界，再也找不出比它更有名的昆虫了吧？很早之时我就记得，这位热爱歌唱的艺术家就已经是很多故事的素材了，并且还有许多读起来极其顺口的小诗。

许多诗歌使得这种昆虫名声大噪，远比蝉本身那绝妙的演奏令人印象深刻！

蝉所生长的地方有很多橄榄树，那里的人大都没听过蝉那动听的歌声，可是它在蚂蚁的家门口乞讨的模样却是闹得人尽皆知了。名声就是以这样的方式传播开来的，这个传说可是违背了自然史和道德，并且有着很大的不同。这样的传说似乎就只适合作为睡前小故事讲给孩子们听，可这个无聊的故事却给蝉造出了大大的名声，就像是那些耳熟能详的童话故事一般，留在了人们记忆中的最深处。

儿童是很恋旧的，那些传统的习惯保留在他们记忆深处，令他们难以忘记了。蝉为什么会这样有名呢？这应该是儿童的功劳了，当他们最开始背诵那些并不熟悉的书本时，背诵的内容就是蝉那十分不幸的遭遇。儿童可以让那些语言粗俗的道理没有任何意义地永远记录和保存下来。他们会认为蝉在冬天的时候挨饿，可冬天根本就没有蝉的存在啊！他们还会说蝉向人们讨要几粒麦子作为自己的食物，可蝉并没有办法将这些东西吃掉并且消化。他们还说蝉会吃掉苍蝇和蚯蚓，可这些东西似乎并没有办法引

蝉有着动人的歌喉，夏日的阳光下，它们总是待在高高的树枝上，演奏着一曲曲动人的歌声。

起蝉的兴趣。

这种误导究竟要归责于谁呢？应该就是那些寓言了。那些有趣的寓言让我们为之沉迷，可是显然这些故事并没有考虑得十分周全。寓言里出现的狐狸、狼、山羊、老鼠等主角都被描述得活泼有趣，它们可能都是写作者的邻居，所以他非常熟悉，它们的生活也都出现在他的面前。可蝉于他而言就是一个陌生物，或许他从没听过蝉的歌声，也没有见过蝉的模样，就认定这个热爱唱歌的大明星是蛐蛐。

格兰维尔就用他的铅笔线条配置了独特的插图，可以说与寓言故事是相辅相成的。可他同样也犯了一个错误，在他所画的插图中，蚂蚁竟然穿着勤快主妇的衣服站在门槛边，身边是用带子装着的麦子。乞讨者向蚂蚁伸出了手，可蚂蚁却轻视地转过了身去！

或许格兰维尔也并不知道蝉到底是什么样的，也犯下了那个普遍的错误。

封·拉丹这个简单的小故事，是拾取了另外一个寓言家所说过的话呢，它讲述了一个蝉受到蚂蚁糟糕招待的故事。孩子们把它们当成了课文在嘴边不停地嘟囔着，虽然这些故事的情节听上去有些枯燥无聊，并且是违背常理的，可这不就是封·拉丹所要反映的主题吗。

可这个寓言竟是出自希腊这个盛产橄榄和蝉的国家，这实在太让我怀疑了！不过这并没有关系，既然作者来自蝉的故乡，那么一定对蝉非常了解吧。大概很少人不清楚，冬天竟是没有蝉的呢。在冬天快要来临的时候，人们要给橄榄树培土了，在这个季节，那些翻动着土地的农民们挖出来的是蝉的若虫，他们也可以经常在路边看到这样的若虫。夏天的时候，这种若虫是从地下钻出来，接着飞上枝头，褪去外壳后变成了褐色。

夏天的时候，蝉的若虫从地下钻出来，接着
飞上枝头，褪去外壳后变成了褐色。

可这些农夫也不是傻瓜呀，为什么会弄错呢？

古希腊的寓言家似乎比封·拉丹更没有办法原谅呢，他讲的只是书本上的蝉，从来不去关心身边的那些蝉，说明他也从来不关心现实，他能做的只是讲述往事，并不停地附和着，重复着讲述那些从印度传来的故事罢了。可印度人所讲的故事都是有主题的，古希腊的寓言家却没有弄明白这回事，还认为自己设计的这个对话场景是无比真实的呢！

在很多个世纪里，这些古老的寓言故事引起了印度河哲人们的思考，也带给了那里的孩子们一些烦恼。就这样，故事流传了下来，却被传得面目全非，和以前的故事完全不同了。

希腊人是无法在乡村看到印度人所说的那种昆虫的，他们随意地将蝉放了进去，蝉就被蛐蛐给取代了，坏的名声也这样被强加到了孩子们的脑海里，再也抹不掉，可笑的是，错误就这样取代了事实。

我承认，蝉这个邻居是非常让我烦躁的，每年夏天到来的时候，它们都会成群结队地来到我家的梧桐树上，并在那里定居，一整天都不停歇地吵闹着，使我的耳膜受到了难以忍受的敲打。我在这样的歌曲中根本就无法思考，如果不利用早晨的那些时间，那么一整天的时间就会这样白白地浪费掉。

这像是着了魔的虫子，简直就成了我的灾星，我多么希望它们能安静一会啊。可有人却说雅典人将它养在了笼子里，就是为了保证随时听见它的歌声呢！如果在空闲的时候，它的歌声也不算是一件非常恼人的事情，可它在我思考的时间，成千上百只一起进行歌唱比赛，让我的脑袋嗡嗡直响，简直就是一种折磨！

事实否定了寓言家的虚构，虽然有的时候蝉和蚂蚁是有那么一点关系的，可这样的关系也并不能确定。只是它们之间的关系却和寓言家说的正好相反，这种关系并不是蝉自己建立的呢，为了生存下去，它并没有向

每当夏季来临，蝉总是成群结队地爬上树，整日不停地"歌唱"着，叫人难以忍受。

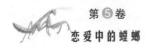

别人进行过乞求，倒是贪婪的蚂蚁总是把自己能吃的东西都放进了自己的仓库中。可无论到了什么时候，蝉都不可能跑到蚂蚁的门前去讨要生存的食物，更不可能承诺到时候连本带利地一起归还回来，相反的是，蚂蚁经常会到蝉的家门前去讨要食物，或许这根本不是讨要，在它们的脑海中根本没有这样的概念，它只是霸道地争夺了蝉的食物，还恬不知耻地将蝉的仓库抢夺一空。

七月份的一个下午，天气闷热得让人难以忍受，大多昆虫都已经变得既口渴又疲惫了，在枯萎的花朵上飞来飞去，希望可以找到一些水解决问题。可蝉似乎对于水这种东西并没有太大的兴趣，它的喙像个小钻头一样，刺进那个用不完的酒窖里。它稳稳当当地站在一根树枝上，惬意地唱着歌曲，然后一头钻进了那坚硬平滑的树皮表面，开始吸吮树皮的汁液，整个过程它都全神贯注，并且陶醉在了那甜蜜的汁液和自己美妙的歌声之中。

炎热的七月午后，蝉稳稳当当地站在一根树枝上，不停"歌唱"着，渴了便一头扎进树皮里，尽情吸吮树皮那甘甜的汁液。

我就这样观察了一会，心想或许一会儿会发生一些意想不到的灾难。果然，那些口渴得无法忍受的家伙不停地张望着，突然发现这边渗出了香甜的汁液，便蜂拥而来，最初还是十分小心地舔着这些渗出来的汁液，后来便越来越疯狂。

其中数量最多的就是蚂蚁了，蚂蚁们为了离水源更近一些，竟然跑到了蝉的肚子下面，而蝉宽容地将自己的足抬起来，让它们自由地通过。这些昆虫却很不厌烦地踩了踩自己的足，飞快地吮吸了一口，然后再跑到另一边的树枝上转圈，接着跑回来，变得更加贪婪，几乎胆大妄为。

在成群的侵略者中，蚂蚁算是最贪婪的了呢！而且不达到目的是绝对不会罢休的！

这些大个子的蝉都被小小的蚂蚁弄得失去了原来的耐心，离开了最终的水源，并朝这群侵略者撒了一泡尿，逃离了。但这种蔑视似乎对于蚂蚁来说并没有什么，因为它们终于达到了自己的目的，抢夺了这块水源，虽然这里的水很少，却是十分甘甜的。

这回大家应该有一定了解了吧，寓言和现实是完全相反的呢，蚂蚁才是那些胆大妄为讨要食物的家伙，而蝉却是宽容又甘愿受苦的高明者。还有一个细节也可以说明这个角色呢，歌唱家蝉在愉快地度过了五六个星期后，生命就终结在这里了，它们被太阳烤焦了的尸体从树上掉了下来，路过的行人踩踏着，就这样被到处寻觅着食物的蚂蚁看到了。它们把尸体肢解，弄碎，搬运回自己的仓库里，有的蚂蚁甚至在蝉没有完全死掉的时候就把它拖进自己的家中进行肢解，这实在是太过残忍了！

我翻译了一首诗歌，内容大概是这样的：

蝉与蚂蚁

上帝啊，天气好热啊，可这是蝉最美好的时光。
它在此时欢快得发狂，尽情地享受着，

第5卷
恋爱中的螳螂

那阳光就像是火一样，真是丰收的好季节啊！
那些收割者在那黄金般的麦浪中，
弯着腰，弓着背，辛勤地劳动着，不再歌唱。

好渴啊，那歌声被掐死在了喉咙里。
可爱的蝉，放开胆子吧，
这是属于你的大好时光，
尽情地奏响你的音钹吧。

你那尖尖的嘴巴，
扎进那鲜嫩多汁的细树枝的树皮里，
钻出一口井，
那甘甜的汁液从细细的管道中汩汩流出，
你凑到跟前欢快地畅饮着那琼浆玉液。

苍蝇、黄边胡蜂、胡蜂、害鳃金龟，
这些种类繁多的骗子和懒惰的家伙，

全都是那个火热的太阳惹的祸，

把这群家伙赶到你的井边，

然而却不像蚂蚁，执意要赶走你。

踩你的脚，挠你的脸，扎你的鼻子，

就是想将你赶走，这种无赖真是无人能比。

你的尸体掉到地上，化成了碎片，

有一天，四处觅食的蚂蚁

看到了你的尸骨，

这些败类，

拼命撕扯你那干枯的皮囊，

挖空你的胸膛，将你切碎，

当成腌肉来储藏。

在落雪的寒冬时节，

这可是最好的食粮。

这才是真实的故事，

这首诗就是用这样极有表现力的语言，为被寓言家恶意毁谤了的蝉做了平反。

 ## 凿洞工人蝉

七月份的时候，蝉占领了我的荒石园，甚至包括了我家的门槛。我是屋子内部的主人，但蝉成了屋子外部的主人。它们每天都吵吵闹闹地不停歇，让人生厌。我们之间是非常亲近的邻居关系，有着十分频繁的来往，所以我对蝉的某些细节进行了深入的了解。

夏至时分，树下的泥地里出现了一些指头般粗的圆孔，蝉的若虫就是从这底下爬出来，再羽化成蝉的。

夏至的时候，最早的蝉出现了。这个季节阳光暴晒，路被踩得非常结实，地面上甚至出现了一些指头那么粗的圆孔。蝉的若虫就是通过这些圆孔从地的下面爬出来的，实现了羽化成蝉。但是这些圆孔除了在农作物所生长的地方无法看到，在别处几乎随处可见。通常它们就处在最干热的地方，特别是路边。幼虫的工具是非常锐利的，可以穿透那些泥沙和干土，正因如此，它们总是从地面那最硬的地方钻出来。

荒石园里面有一条小径，因为有堵朝南的墙，阳光就这样被反射过来了，导致小径上十分酷热。这里到处都是蝉在钻出来的时候留下的密密麻麻的圆孔。

在七月份的最后几天，我对它们进行了考察。

那些地洞的口呈现出圆形来，直径2.5厘米。在那些圆孔的周围，我既没有看到蝉所清理出来的杂物，也没有看到那些被推到外面的土丘。粪金龟的洞上是有很多的土的，可我并没有在蝉的洞上发现土，它们二者工作的进程就可以解释这一现象。食粪虫从地的表面钻到了地下，开始挖的就是地洞入口，它们还可以再次回到地面上来，相反，蝉的若虫只能从地下钻到地上，最后才会把洞口打开。正因为如此，蝉所清理出的土是绝对不可能堆积在洞口的。

蝉的地洞大约有 40 厘米深，呈圆柱形。根据土质的不同，有些地洞是会略带弯曲的，但总体上看来是接近垂直的，因为这是路程最短的方向。地洞中上下都十分畅通，但如果想从里面找到挖掘时用到的土块，那根本就是在做些没有用的事情！因为里面的任何一个地方都是看不到土堆的，地洞虽然也可以算作是一个死胡同，却是非常宽敞，四壁光滑的洞穴呢！

根据洞的长度和直径，若虫所挖掘出来的土块的面积应该有 200 立方厘米。可奇怪的是，这些土到底在什么地方呢？如果将洞挖在干燥易碎的土壤中，除了钻孔外再没有其他插入的东西，那么这个洞穴的墙壁上会留有粉末的，并且有塌方的危险。最后我有了一个惊奇的发现——那就是地洞的墙壁都已经被粉刷完成了，并且上面还涂抹着一层泥浆。所以，洞壁显然是算不上光滑的。粗糙的墙壁已经盖在一层涂料的下面了，沙土更是变得摇摇欲坠。

若虫就是在这样的地洞里走来走去的，它们爬到与地面最为接近的地方，再次来到可以避难的洞穴底端。可让我好奇的是，它们的爪子并没有引起恐怖的塌方和地道的堵塞，否则虫子本身是无法前进的。矿工是用支柱和横梁把矿井的四壁支撑住的，而蝉的若虫其实也是非常聪明的，它们用泥浆把地道糊上，这样就可以保证使用过程中一路畅通。

它们需要爬到最近的树枝上进行羽化，于是先要冒出地面。但它们是十分警觉的，如果这个行动被我发现了，它们会马上缩回去，退到洞的底部，整个过程没有一点困难，这就说明即使在一个马上会被抛弃的地洞里，堵塞的情况也是不会发生的。

若虫到了要羽化的时候，先是十分警觉地从地洞中爬出来。在这个过程中，只要受到一点影响，它们都会毫不犹豫地马上退回洞底。

蝉的若虫为了早一点见到阳光，就挖掘了这样一个通道。这是若虫的地下城堡，长期居住的隐蔽农场。那粉刷过的墙壁是足够证明这一点的。如果这是一个制作完成后就抛弃的出口，它们大可不必要下如此多的功夫了！它就如同是一个气象的观察站，蝉可以用它了解到外面的天气状况。若虫的羽化要在充足的阳光下进行，当若虫即将成熟，爬出巢穴时——因为这是它们生命中十分重要的行为，因此必须清楚地了解到外面天气的情况。因为地下无法提供可靠的天气状况，所以地道是非常重要的。

正是因为这样，它会用上几个星期甚至几个月的时间去挖土并清理，将那些垂直的洞壁巩固好，可并不挖到地面，而是与外界隔着一个手指厚的距离。

为了将这个小屋修剪好，它在洞的底端花费了很多的心思呢。这是它所避难的地方，也是它等待的地方。如果它迁居的时间被推迟，就会在那里休息。然而它们只要一得到好的消息，就会立刻爬到很高的地方去，并且通过那像盖子一样薄的土层去打探消息，了解外面的空气和湿度。如果

若虫即将爬出洞穴时，为了能及时获取外界的情况，
会用几个星期甚至几个月的时间来挖一条垂直的通道，
并用心地将通道的洞壁巩固好。

外面的天气不理想，对可怜的若虫来说是足以致命的，每当这个时候，它们就会小心地爬回洞底部，再次等待时机的降临。它们遇到了合适天气，就会用自己的足将天花板推开，顺利地钻到地面上来呢！

这一切的一切都可以证明，蝉的地洞就如同一个等候室一样，也像是一个气象站。蝉的若虫长期驻守在那里，为了了解外面的天气，它们会爬到离地面很近的地方去，有时又会再次爬到地下，把自己隐藏起来。

可这其中还有一个问题是不容易解释的——它们挖出的土到底在哪里？洞中土的体积大约有200立方厘米，外面和里面都无法找到，到底去了哪里？总不可能凭空消失了吧？而且，那洞里简直就像是炉膛一样干燥，洞壁的上面又怎么会有涂抹好的泥浆呢？

那些可以腐蚀木头的幼虫，像天牛和吉丁，应该

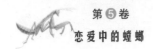

可以回答第一个问题。它们在树干中艰难前进着,一边挖掘洞穴,一边将那些挖出的东西吃掉。它们的大颚把这些东西一口一口地咬下来,然后消化掉,将其中的营养成分过滤出来,堆积在自己的身后,这样就把通道堵塞住了,幼虫也就因此不能从这里出去。

蝉的若虫就是用这样的方法进行钻洞的,但是它挖出的土并没有经过吸收,就算是那种最松软的土也不会被它们吃掉,其实土屑已经伴随着工程的发展被它们丢弃到身后去了。

蝉在地下待的时间有4年之久呢!当然,这些日子并不是我刚刚所描述的那些。当它准备从下面出来的时候,地洞就只能算作是一个临时的居所了。若虫是从其他的地方来的,或许是更远的地方,它是一个流浪的孩子,将吸管从一边的树根插到另一边的树根上。它不断地迁徙着,有的时候是因为冬天实在太过寒冷,需要从土层里逃离;有的时候是为了定居在一个更加完美的地洞里。当它们决定要搬家的时候,就会为自己开出一条道路来。它将自己在路上撼动过的东西全部扔在了身后,这点不需要怀疑。

这个流浪者一样的幼虫在运动的时候只需要很小的空间。因为对于它来说,那些柔软并且非常容

易压缩的泥土就相当于其他幼虫已经消化过了的木头糊，它们完全可以没有阻碍地将这些泥土压缩得更加紧密，并且留出空旷的地方来。

最困难的是其他的地方。蝉的地洞是从那些干燥的泥土中挖出来的。只要泥土是干燥的，那将它们压缩就一定存在着困难。刚开始挖掘地道的时候，若虫就会将一部分挖好的土抛在了身后，这也是十分有可能的一种做法了。但还有疑问——如果把这些挖出来的泥土存放，就应该有一个足够宽敞的空地，可只有将同伴没有办法搁置的废土搬走才能得到这块空地。可还需要另外一个场地才能把挖出的土全部推到那里去。这样的话可以看出来，只把那些压缩的土抛到身后，根本就无法解释这样大的空间究竟是从哪里来的，蝉有自己特别的办法处理这些土，于是我便尝试着去探究这种特别的方法。

我对那些刚刚钻出地面的若虫进行了一番仔细观察才发现，几乎所

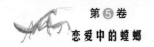

有若虫都不同程度地沾上了泥浆，但有的是干燥的，有的却是湿润的，就连用来挖掘的前足上沾满了泥浆，其他的足也像是戴了泥的手套一样，连背上都是黏土，如同在淤泥中翻滚了一圈一样。从那样干燥的土地中钻出竟然满身都是泥？这太让我感到吃惊了。

如果往这条路上再走一步，就可以解决地洞的问题了。我把一只正在加工地洞的若虫挖了出来。当地面没有什么能对我的研究进行指导了的时候，我才发现去寻求这个答案一点用处也没有。可正是这偶然的发现给我带来了财富。

若虫开始挖掘的时候我就有了新的发现，地洞中没有任何的杂物，是休息的地方。这就是它目前的工作状况了。那么若虫现在是怎么样的呢？与刚刚出洞的若虫相比，此时它的体色要白多了，眼睛也变大了，同样接近白色。在地下视力是没有什么用处的，可是如果出了地洞，若虫的眼睛就是黑色的，还发光，这说明它是可以看到东西的。这只未来的蝉只要出现在阳光下，就会寻找一根树枝悬挂起来，完成羽化的工作。在这个时候，好的视力才会派上真正的用场。

蝉在解脱的期间，视力也在渐渐成熟着，我们只要看到了这一过程，就可以清楚地知道，若虫其实并不是在即兴地挖掘上升的地洞，而是花费了很长时间来做这件事的。

与成熟后做比较，这只苍白的幼虫体积要大了很多。它浑身都是液体。如果将它抓在手里，尾巴的部位还会有清澈的液体渗透出来，导致它浑身也是湿湿的。这种液体是通过肠子排出来的。但我不清楚这到底是尿液还是消化后的残汁。我先把它定为尿。

在向前挖掘的时候，若虫在泥土上浇上了尿，然后把它变成了泥浆，再借助身体的压力将泥浆粘在洞壁上。这样一来，那非常有弹性的黏土就会紧紧地贴在原来十分干燥的泥土上了。泥浆渗进了粗糙的泥土缝隙中，最终进到里面，剩下的再经过挤压和压缩，最后被涂抹在空余的缝隙里，若虫就这样制造了一条顺畅的通道。

在向前挖洞的时候，若虫在泥土上浇上了尿，然后把它变成了泥浆，再借助身体的压力将泥浆粘在洞壁上。

就是在这样粘稠的泥浆中，若虫进行着自己的工作。这也就是若虫刚从那样干燥的土地中钻出来却也满身泥浆的原因了。即使变成了成虫，摆脱了矿工的工作，可它们也没有完全舍弃自己的尿袋，它们把剩下的尿液都保存了起来，变成了防御的工具。如果有人想靠近它们，近距离观察，它们就会毫不犹豫地射出一泡尿来，再猛地飞走。

若虫的身上积满了水，可即便如此，它也没有足够多的液体可以将地道里那长长的泥土全部湿润，再轻松地变成泥浆。水池干涸了的时候，它又从哪里去找水呢？

我挖开了几个地洞，发现小窝的墙壁上有一根树根，它有时像笔管那样粗细，有时候则像麦秸一样粗细。若虫对汁液的选择到底是偶然的还是精心挑选的？我同意后一种说法，因为在挖开另一个地洞的时候，我同样发现了这样的树枝。

是这样子的，为了以后的地道开凿，蝉会寻找一个与清凉的根须所接近的地方。它会刨出来一部分根须镶嵌在墙壁上，并且不让这个根须突出。墙壁这个地方就如同是一个活泉，当它们需要水的时候就吸吮树汁，尿袋就会得到一定的补充。干燥的土变成了泥浆之后，蓄水池干枯了，若

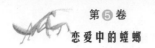
虫就只好在洞底插上晒谷秆，从镶嵌在墙上的根须中吸上一段时间，把自己的水池蓄满后再爬上去继续工作。

 ## 蝉美丽的变化

只要洞口破开，若虫就能顺利钻出洞穴了。若虫在钻出洞后，会先在附近的地方徘徊一段时间，寻找空中的落脚点。找到落脚点，它们就会爬上去，抬起头，用铁钩一样的前足死死地抓住地面不放开。如果它们找到的落脚地方够大，其他的足就也可以支撑在上面了。否则它们就只能用两个钩子勾住泥土，悬挂在上面小憩一段时间了。

蝉最早蜕皮的地方是中胸，背上的中线最先裂开，口子逐渐向边缘拉开，就露出了一只浅绿色的成虫。与此同时，它们的前胸也开始裂开了，向上延伸着，直到头部的后面，一直到后胸，就不会再扩张了，紧接着头盔也裂开，红红的双眼露了出来。外衣裂开后，它们那露出的绿色身体就开始膨胀，中胸形成了鼓泡，鼓泡慢慢地颤动着，一缩一胀。这个鼓泡虽然最初看上去没什么作用，但在不久的将来，它就会变成一个楔子，把护胸甲给撑开。

蝉的蜕皮工作进行得非常顺利，现在，它的头已经获得了自由，身体呈水平挂了起来，腹部朝上。渐渐地，它的后足也从蝉壳中漏了出来，这便是它最后解脱的部位了。这个阶段，蝉翼依然皱巴巴的，与之一起的是紧紧缩着的一些残肢。

第一阶段大约需要持续十分钟。

第二阶段的时间会更长一些。在这个时候，它除了还嵌在蝉壳的尾部，其他地方已经完全自由了呢。蝉蜕就那样死死地缠在了树枝上，在空气中变得很硬，却依旧保持着那样的姿势。蝉蜕就是进行下一步支撑的根据地。

一只正在蜕皮中的若虫牢牢地缠在树枝上，看起来，它依旧待在自己的旧衣服中，还没有完全蜕皮呢。

　　因为尾部还没有解脱，蝉依旧待在它那破旧的衣服里。它垂直翻了翻身，头朝着下面，此时身子呈现出淡淡的绿色，中间略有些泛黄。在这之前，一直紧紧缩在蝉翼处的残肢也渐渐舒展开来。

　　在这样复杂而缓慢的运动结束后，它们用人们察觉不到的动作——利用腰部的力量使自己的身体站立了起来，然后恢复了头朝上的姿势。它们的前爪死死地抓住空壳，将尾巴从蝉壳中解脱了出来，这样一来，蜕皮的工作就结束了，这一阶段用了半个小时的时间。

　　在这个时候，蝉的面罩已经全部褪去了，和不久之前相比简直是天壤之别！它的翅膀显得湿答答的，有些沉重，却像是玻璃一般透明，翅膀上还有浅绿色的脉络。它的前胸略带棕色，其他的地方都是淡绿色或微微的白色。这脆弱的小生命还需要在阳光和空气里待上那么一段时间，为了强壮自己的身体并改变自己身体的颜色。

　　大约两个小时过去了，蝉还是没有什么明显的变化，它依旧是那样柔弱，发出淡淡的绿色，只能靠着自己的前足勾住旧衣服，风轻轻一吹就随之摆动起来。到最后的时候，它们的颜色渐渐变得又深又暗，并且慢慢地加强，最终终于完成了变色的工作，这道工序用了大概三十分钟左右。

　　如果将那条裂缝忽略掉，蝉蜕是没有任何破损的，它依旧牢固地挂在树枝上，就算是风吹雨打，也不至于将它打落。我经常看见一些经历着风吹雨打的蝉蜕，它就一直用那样的姿势挂在上面，好几个月过去也不动。蝉蜕的质地是坚硬的，就如同干干的羊皮，在很长的时间里，它都可以成为蝉的仿制品呢！

　　下面我们来看看蝉在破壳而出的时候所做的那些运动吧！在它们的尾巴还没有从蝉蜕中解脱出来的时候，它们就以尾部作为支点，垂直地向下翻着，头部朝下，两翼和足就这样解脱出来了。

　　它们的头和胸在鼓泡的压力下，把护胸的甲解放了出来。尾部是它们翻转身子的一个支点，而现在它们解放的时刻终于到来了，为了实现目标，蝉需要借助背部的力量站起来，将自己的头甩到地面上去。它用前面

任凭风吹雨打，蝉蜕依然
一成不变地挂在树枝上，
如同已经干枯的羊皮一般，
质地坚硬，颜色暗淡。

的足勾住蝉蜕，找到新的支点，解脱尾巴部分的束缚。

其实蝉在羽化的过程中是有两个支点的！首先是尾部，然后再是前足。它所需要做的是两种特别的体操，首先要朝下翻个筋斗，然后再慢慢地翻转过去，恢复到了平日里正常的姿势。这样的体操运动要求若虫的头朝上，并将身体固定在一根树枝上，下面还是有可以自由活动的空间的。

我将一根细线系在了若虫的后腿上，再将若虫悬挂着放入了安静的试管中，这根线就这样垂直竖立着，没有什么可以改变它垂直的状态，这个可怜的若虫就这样保持了一个奇特的姿势，可是马上要进行的蜕皮却是要头朝上的，它努力地抖动着自己的双腿，挣扎着，试图将自己的身体翻过来，并且抓住线。有几只蝉终于做到了，它们勉强站立了起来，虽然平

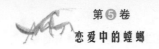

衡身体是很难的，可它们还是可以随心所以地固定在这个线上，不受任何阻碍地进行蜕皮的工作。

剩下的那些若虫都已经筋疲力尽了，却还是没有一点进展，它们无法抓住线，更无法将头翻上来，羽化没有办法继续进行。有几只蝉的背部已经裂开了，露出了中胸，可因为蜕皮没有办法继续，它们很快就死去了。

我又进行了一个新的实验，将若虫放到一个铺有薄薄沙子的瓶子中，若虫可以来回地走动着，却没有办法站立起来，因为玻璃壁实在是太过光滑了！在这种情况下，里面的若虫没有蜕皮，就悲惨地失去了生命，可也有几个例外呢，我偶然看见几只若虫像平日里一样在沙子上蜕皮，平衡的方式实在让人费解。总之，如果没有一个正确的方式，羽化就很难进行，蝉也就会死去，这是不变的规律。

事实说明，若虫在快要羽化的时候，是可以抵抗加在它身上的任何力量的。蝉的若虫就像是包裹了种子的果实一样，成虫就是那颗种子，不过若虫可以随意控制自己蜕皮开裂，一旦情况对自己不利，它们就可以推迟到一个更加合适的机会来进行蜕皮，甚至可以取消呢！虽然临近羽化时体内发生的变化会强迫它进行蜕皮，可是本能会告诉它这样的情况是不合适的，虫子就会拼命地反抗着体内的变化，绝不继续进行下去。

但是，除了那些在我的好奇心驱使下因为实验死去的虫子外，我还没有看见过蝉的若虫是这样死去过的。若虫从地洞爬上地面只需要几分钟，就在这么短的时间里，这个小家伙的外壳就从背上裂开了。

蝉破壳的速度实在是太快，一只若虫出现在附近的树上，我趁着它固定在树枝上的时候，突然捉住了它，这可是非常有意思的研究对象呢。我把它和树枝都放进了纸袋里，飞快地回到了家，那只蝉几乎已经失去了自由，我没有办法看到我想要看到的，这说明我是白忙活一场了。我只能放掉了它。

亚里士多德曾说过，蝉是希腊人特别称赞的一道菜肴。蝉在若虫的表皮破裂之前，味道非常鲜美。

蝉的若虫破壳而出的速度十分快，它们通常只需要几分钟就能从地洞中爬出来，随后飞快地飞上枝头，牢牢地趴在上面了。

外壳不曾离开就告诉了我们，什么时间去获取这所谓的美味佳肴是合适的，总之绝对不会是在深冬，那时若虫是根本不会羽化的，应该是在它们刚刚出土的夏天，在那个时候，人们可以发现一只又一只的若虫在到处寻找着蝉蜕的地方呢！

在七月份的一个早晨，阳光将蝉的若虫全部逼到了地面上，我搜索了整个院子，特别是若虫经常出没的路旁。为了避免若虫的外壳裂开，我只要发现了就会将它放进水里浸没，这就是阻止它羽化最好的方法了。

我只寻到了四只蝉的若虫，没有更多了。它们全部泡在了那个防止蜕皮的水里，有的已经死去，有的还剩下一口气。可这并不能阻止它们成为我餐桌上的美味佳肴。为了让它们保持最长时间的新鲜，我的烹饪方法是十分简单的。

最终这道菜还是不错的，甚至有一点鲜虾的味道呢。只不过它实在太硬了，咀嚼起来就像是干干的羊皮一样，所以我不太建议人们吃。

我们几个人在若虫特别多的地方花了很长时间也只不过找到了四只若虫。如果你想品尝这样的美味佳肴，那就在若虫出洞的时候努力地寻找

吧，但一定要小心，不要让若虫的壳裂开了。你每天辛苦地寻找，可若虫裂变却只需要几分钟的时间呢。乡下还流传着这样的一段话：你肾衰吗？可曾因为水肿而走路摇摇晃晃，需要行之有效的药方吗？若真如此，乡间的药物手册会向你推荐蝉的。

人们竟然认为蝉具有利尿的特点！这是不是实在太好笑了一些，大家都是知道的，当有人想捉住一只蝉的时候，那只蝉就会迎面向那个人的脸上毫不留情地洒上一泡尿，然后迅速地逃跑，这或许是在给我们传播它宣泄的特点吧。

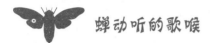 ## 蝉动听的歌喉

我在村庄的附近收集到了五种蝉，它们分别是南欧熊蝉、山蝉、红蝉、黑蝉和矮蝉。南欧熊蝉和山蝉是非常常见的，可另外三种就很少见了。这其中，南欧熊蝉的个子是最大的，也是人们最为熟悉的。

在雄蝉的后胸，紧紧地挨着后腿后部的是两块半圆形的大盖片，右边的盖片稍微叠在左边的盖片上。这就是护窗板、顶盖和制音器了，也就是发音器官的音盖。把音盖掀起来，两边分别有一个很大的空腔，前面覆有一层柔软而细腻的黄色乳状膜，后面是一层红色的干燥薄膜，就像是一个肥皂的泡沫，人们都叫它镜子。

蝉的发音器指的就是这些了。对于一个失去了声息的歌唱家，人们通常会这样说——它的镜子裂了。这语言是不是十分形象呢？但对于声音原理，人们的看法并不是完全一致的。打碎镜子，把音盖剪去，撕碎前面那黄色的薄膜，是并不可以将蝉唱歌的功夫消灭的，最多只能将它的音质改变，使它们的声音变得小些。两个空腔只是一个共鸣器罢了，本身并不发声，只不过是通过震动加强了声音，再通过音盖的闭合程度把声音改变了而已。

其实真正的发生器是另有妙处呢！新手是无法找到的。在两个小教堂的外侧，腹部与背部所交接的地方会有一个半颗纽扣大小的孔，外面是

雄性蝉的腹部具有发音器，能持续不断地发出声音，夏日的午后，人们一定都听过它们那"悦耳的歌声"。

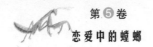

一层角质的外壳，遮掩着音盖。我把这个小孔叫做音窗，它与另一个空腔是相通的，空腔比旁边的小教堂要深上许多，也窄了不少。紧紧地挨着后翼的地方是一个椭圆的、隆起的、颜色乌黑的突出东西，这就是音室的外壁了。

我在音室上打开了一个很大的口子，发声器官音钹就这样露出来了。音钹是一块干干的薄膜，白色的，椭圆形，并且向外突起，有几根褐色的脉络穿过了薄膜，就这样，弹性增加了。整个音钹几乎都是固定在框架上的，等这块凸起的鳞片变形了，清脆的声音就可以从不停的震动中传入我们的耳朵呢。

巴黎曾经十分流行一种玩具，这种玩具是一个短短的钢片，把一边固定在金属的座上，用大拇指压迫着让它变形，然后放手令它弹回去，于是在力的作用下钢片就发出叮当的声音了，这可笑的东西似乎除此就没有其他的用处了。

而蝉的膜状音钹就同这钢片十分相似，都是通过弹片变形后恢复到原始状态的简单乐器。那种钢片是利用拇指的压力变形的，可音钹的凹凸程度是怎样改变的呢？我把挡在了小教堂前那黄色的薄膜扯破了，就这样露出了两根粗壮的肌肉柱子。它们就好像是一个"V"字一样连接在一起，尖顶在蝉的背上立着，每根肌肉的柱子上都像是被截去了一节一样，突然中断了，一根短细的带子从那被截去的地方伸了出来，连接着相应一边的音钹。

全部的机关似乎都在这里了呢！这似乎并不比那个金属玩具来得简单。这两根肌肉的柱子有时张开有时松弛，再有时伸开有时缩了起来，再利用末端的线各自牵动一边的音钹，把音钹拉扯下来，再让它自己弹回去，于是这两个发声的片就这样反反复复地震荡起来了。

如果你怀疑这个功效，并想让一只已经死去的蝉再次唱歌，那是十分简单的，你只需要用镊子小心地夹住一根肌肉的柱子，然后再小心地拉回来了，这个已经断了气的蝉就又开始唱歌了。

可如果你想把一只正在唱歌的蝉变成哑巴呢？这性格倔强的家伙，无论你把它捉住怎样折磨它，它似乎都不会停止自己的歌唱，永远在哀叹着自己的不幸，砸掉小教堂，将镜子弄个粉碎，这些似乎一点用都没有，就算是残忍地将它截肢也没有任何用处。但是，如果你用一根针插进音窗的侧孔，一直到音钹，再慢慢地用针刺一下，这个破碎的音钹就无法发出声音来了。另一边也是一样的。这只蝉还可以同以前一样活泼，没有任何的伤痕。无论怎样破坏它的身体都不会对它的歌唱产生影响，而只要用针轻轻地刺一下音钹，几乎对它没有任何伤害，就可以让它安静下来，这是不是很神奇呢？

蝉的音盖是非常坚硬的，本身无法动弹。它是靠着腹部的不断鼓起和收缩来打开或关闭大教堂的。当它的肚子瘪下去时，音盖正好堵在了音窗上，所以声音十分微弱和沉闷。当肚子鼓起来的时候，音窗打开了，声音也会变得响亮动听起来。它的腹部快速地震荡着，两条"V"形的肌肉与腹部同步收缩，决定了音乐的变化。

在十分炎热的天气里，蝉会将自己的歌声分成几段，并且每段都持续几分钟，中间似乎就是它们的休止符了。它们的每一段歌声都是非常突兀地开始并且快速地升高，这个时候腹部的收缩也加快了。这段声音简直响亮到了极点。几秒钟后，声音渐渐变小，腹部也休息了。

在腹部经过几次搏动后，蝉终于安静了下来，而时间的长短是伴随着空气状况的变化而变化着，不多时那歌声又再次响起，复制着之前所唱的，蝉就这样在炎炎夏日，没有止境地唱了下去。

炎炎夏日，蝉仿佛不知疲倦一般，没完没了地
歌唱着，它还会将自己的歌声分成几段，每段
大概能持续几分钟。

　　有时在闷热的傍晚，蝉或许沉迷在了阳光中，减少了休止的时间，
不知疲倦地持续着自己的歌声，当然这声音也还是时强时弱。在早晨七八
点的时候，它们就把第一下的弓弦拉响了，直到晚上的时候才会停止。只
有阴天的时候，或者阴冷有风的天气里，它们才会难得地安静下来。

　　山蝉的个子要比南欧熊蝉小了一半左右，它还有另外一个称呼——
喀喀蝉。这个名字十分形象地描述了它所发出的声音。它的行动非常敏捷，
并且生性多疑。它的声音沙哑而响亮，发出一连串的"喀！喀！喀！"的
声音，中间更是没有休止符。它的声音实在是太过单调了！并且沙哑又刺
耳，丝毫不清脆动听，所以十分令人讨厌，特别是几百个乐者在一起演奏
这段音乐的时候，就如同一大袋子干核桃在袋子中不断晃动，对人来说简
直是一种酷刑。

基本的构造原理虽然是一样的，但山蝉的发声器还是有很多不同的特殊地方，声音也有着自己的特点，它没有音室和音窗，音钹紧紧地挨在后翅的外面。它的音钹也是一块干燥的鳞片，呈白色，并朝着外面突出来，五根褐色的脉络分布在鳞片上。

山蝉腹部的第一节向前方延伸着，并延伸出一个短而宽，并且坚硬的簧片，活动的一段挨在了音钹上。这个簧片就像是木铃的簧片一样，不同的是它并没有搭在旋转的齿轮上面，而是靠在了震荡的脉络上。

或许这就是山蝉歌声沙哑刺耳的原因了，我不可能把蝉拿在手中来证实，受到惊吓的蝉发出的声音与它正常时发出的声音相差甚远。

山蝉的音盖是隔开的，并没有交叠，中间还会有一段空隙。如果用手指压，蝉的腹部和前胸就会随之张开。

山蝉唱歌的时候是不动的，它的腹部并不会那样快速地运动着，这个特点却并不特殊，而是普通的。

有一点让人吃惊——山蝉是有腹语本领的蝉呢。如果你仔细去观察它的腹部，就会发现前面三分之二是透明的，繁衍种族的器官全部都在那剩下的不透明地方，已经压缩到了极限。如果用剪刀剪掉那不透明的部分，剩下的腹部就会敞开，露出一个空腔来，并且一直延伸到外面的表皮，只有背部排列着一层极其薄的肌肉来，像线一样的消化管就附在了这层肌肉上。这个体积很大的空腔几乎将蝉的半个身体都占据，里面差不多都是空的。

这个空旷的地方包括前胸所延伸的部分就是一个很大的音箱。我们这里没有任何谁的歌喉可以同这个音箱比较。如果我用手指把刚刚剪开的扣子堵住，那么它的声音就会低了许多。

在我看来，山蝉歌声沙哑的原因是这样的：木铃的簧片触动了震荡的音钹。而它们声音响亮的原因一定是因为肚子上那个巨大的空腔。就为了这样一个音箱，它们不惜将自己的肚子掏空，真的是无比热爱自己的歌唱事业啊。对于它们来说，唱歌永远排在第一位，其他一切都无关紧要。

我们实在是应该庆幸，山蝉没有听从那些进化论者的建议，如果它

山蝉还具有腹语本领呢。它的腹部有三分之二是透明的，而所有器官则压缩在剩下的那部分不透明的地方。

们的后代一代比一代狂热，腹部的音箱也会因此不断进化，那么或许有一天，我们的耳边就完全是这样聒噪的声音了。

接下来我们看看红蝉。

红蝉的体积要比南欧熊蝉小一些。我们之所以把它叫做红蝉是因为它的翅脉和身体里竟然流动着红色的血。

红蝉是非常少见的，在山楂林子里我要离好远的距离才能看到一只红蝉。它的发音器在南欧熊蝉与山蝉的发音器之间。或许是从南欧熊蝉那里学到了腹部震荡的运动，利用半闭合的大教堂来调整自己声音的强弱，而从山蝉那里它继承了露在外面的音钹，也一样没有音室和音窗。

红蝉还有和南欧熊蝉相似的地方，可以从高到低又从低到高地大幅度运动，随意地将小教堂开大关小。

红蝉的镜子和南欧熊蝉的差不多，只不过没有熊蝉的宽大而已。它那朝向一侧的膜是白色椭圆形的，非常纤细，抬起腹部的时候会绷得很紧，塌陷又会变得松弛。在它紧绷的时候可以产生震音，声音也同样会变得响亮起来。

红蝉的声音是抑扬顿挫的，这点也跟南欧熊蝉一样，是分段进行的。只不过红蝉要谨慎一些，它的声音并不是那么响亮，或许是没有音室的原因吧。

 ## 蝉的繁殖

常见的南欧熊蝉通常选择在很细的干树枝上产卵。它会尽自己最大的努力去寻找那些中意的，细细的树枝，就比如麦秸和笔杆，无论粗细它都能拿来用。枝条里面的木髓是十分丰富的，只要有了这样的条件，无论什么植物都是可以的。

它们用来产卵的树枝是一定不会卧在地上的，而是与垂直的地面接近的，并且一般的情况下它们是会长在原来的树干上的，虽然偶尔也会出现树枝折断的情况，可必须是要竖立起来的。为了容纳下所有的蝉卵，枝条越长越好，并且表面要均匀而光滑，我收集到的很多植物之中，髓质丰富的植物的枝条是最受蝉欢迎的。

可无论是什么样的植物，作为支撑点的这个植物一定要是死掉的，并且是完全干枯的。虽然一般情况是这样，可在我的记录中，仍然有几次蝉在活茎干上产卵的情况，那上面还有着绿色的鲜花，当然，这些枝条也是十分干燥的。

蝉所谓的产卵就是进行一系列的穿刺工作，就像是用一根针从上至

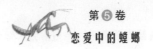

下斜斜地插进树枝中，将纤维撕裂再挤出来，呈现出凸起的形状。不了解情况的人看到，还会以为是某种植物或菌球呢！

如果好几只蝉共用同一根树枝，情况就会变得混乱。这样的状况让人眼花缭乱，而且分辨不出顺序来，而且不知道所产出的卵到底是哪只蝉的。可这其中有一个特征是不改变的，就像是翘起来的枝条倾斜的方向一样，蝉是直线进行的，将自己产卵的工具从上向下地插进了树枝中。

如果那根枝条是均匀光滑的，那么它们的刺孔之间的距离便是相等的，并且不会太偏离直线。但是孔的数目却是在不断地变化的，当雌性蝉的产卵进行得不是很顺利的时候，它就会到别的地方去，这个时候上面的刺孔就会变得很少。一根枝条上某一行的刺孔数量如果相当于母蝉所产的数量，那么一般来说刺孔就会有三四十个左右，而且，就算数量是一样的，可长度也并不同。

不要认为长度的变化完全是由枝条的不同属性所决定的哦，其实相反的数据还是有很多的。蝉那变化无常的习性让我们摸不着头脑，它在每

常见的南欧熊蝉通常选择在很细的干树枝上产卵，它所选择的树枝一定不是卧在地面上的，而是与垂直的地面接近的。

个地方产卵的数量或许只是随着自己的心情而定的。

蝉并没有将自己的洞穴封闭起来。蝉在产卵管的双面被锯开以后，那些被钻开的木质纤维就会重新合拢在一起。或许人们也会偶然发现有一层反光的物质出现在纤维的栅栏中，就如同是干掉的蛋白漆，这大概只是雌蝉留下的含有蛋白的液体罢了，也或许是随着产卵而排出来的，更有可能是方便钻孔的润滑剂罢了。

它们的洞穴紧紧地接在了钻孔之后，就是一根很细的管道，却占据了从钻孔到前一个洞穴的所有空间呢！有些时候，洞穴之间的距离太近了，没有一点间隔，彼此之间紧紧地连在一起了。蝉在许多个钻孔里排出的卵经常是排成不间断的行列。

洞穴内蝉卵数量的变化是很大的，每个孔有 5 ~ 15 个不等，平均则是 10 个左右。通常在这样的情况下，蝉产卵会钻 30 ~ 40 个孔，而蝉一次要产的卵则达到 300 ~ 400 个。

这是一个极其庞大的家族，蝉之所以能够应对可能发生的重大甚至

蝉的习性常常变化无常，它们在每个地方产多少卵，或许没有什么规律，完全看心情来。

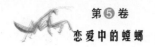

毁灭性危险，我认为跟其数量关系并不大，我也并不认为成年的蝉比其他昆虫更容易遭遇到危险。它有着那样敏锐的目光，可以用非常快的速度起飞。当它栖息在高处的时候，根本就不用去担心草地上的强盗。的确，麻雀是非常喜欢吃蝉的，它在暗中观察着，从最近的屋顶向梧桐树扑去，将那些正在唱歌的家伙们抓住。有那么几次，麻雀将蝉撕成了好几块，就这样蝉成为了麻雀的口中美味。可是有很多次，麻雀也是空手回来的，因为在麻雀发动攻击前，蝉就已经采取行动了呢！它们朝袭击者撒了一泡尿，然后潇洒地飞走了。但逼迫蝉多产的家伙并不仅仅是麻雀，其中还有很多来自其他地方的危险，蝉在产卵和孵化的时候也会面临很大的危险。

在它们从地洞中出来的两三个星期后，大概是七月中旬，蝉就开始产卵了。我家的门前有着天然的，有利于它们产卵的条件，但我获得这样的机会却是偶然的。

我知道蝉喜欢在干枯的阿福花枝条上产卵，这种植物又长又滑，正合我的心意。

我等待的时间并不是很长的，从七月十五日开始，我就开始发现了一些正在产卵的蝉。产妇们总是自己带着的孩子，独自待在一根枝条上，并不担心别的雌蝉抢夺地盘。如果第一只飞走了，很有可能还会有第二只飞过来，并且有其他的雌蝉也会飞过来。但雌蝉都会选择独自待在一根树枝上，如果发现自己的枝条被占据，它们就会离开，去寻找其他适合的地方。

在产卵的时候，蝉是昂着头的。它并不反抗我近距离地观察它，就算我用了放大镜也没有打扰它一分一毫，它完全沉浸在自己的工作之中。

我观察到，蝉轻轻地颤动着自己的身体，尾巴的部分开始变得膨大，不一会又收了回去，不停地颤动着。蝉就是这样进行产卵的。它开动了双面的钻头，交替地插进了木质中，动作十分轻柔，几乎让人难以察觉。

它在整个产卵过程中没有什么特别的地方和动作，一动也不动，我观察它们大约用了十分钟的时间。

为了避免产卵管的扭曲，蝉有条不紊地将自己的产卵管慢慢地抽了出来，在这个过程中，木质的纤维会缓缓地合拢在一起。然后它们会沿着直线的方向向高的地方一点点地爬去，这距离正好和它钻孔时用的工具长度相等。在那里的时候，蝉便开始了重新凿洞的工作，最后产下了十多个卵，它就这样一级一级地完成了自己的产卵工作。

在知道了这些现象之后，我就可以对支配产卵的特殊方式来进行准确解释了。钻孔之间的距离大致是相等的，因为每次蝉上升的高度大概都是一样的，虽然它们飞起来很快，可这个家伙却是懒惰的，它站在树枝上吮吸那些新鲜汁液的时候，总是郑重而缓慢地迈出自己的步子，然后站到阳光更加灿烂的地方。它们在树枝上进行产卵的时候就一直保持着那样谨慎的动作和习惯，尽量少移动自己的步子，只要临近的两个孔不会钻在一起就可以了。

除此之外，如果蝉在同一个枝条上钻的孔不多，那么直线的排列就是它们选择钻孔的方式了。可在同一根枝条上的蝉总是朝左右偏去的原因

蝉在产卵时总是昂着头，不受外界的打扰，就算人们拿着放大镜去观察它，这个认真的工作者依然沉浸在自己的劳动中，毫不动摇。

蝉偏爱温暖的环境，它们总是选择容易晒到太阳的地方
进行工作，而且要保证自己的背部能沐浴阳光。

是什么呢？蝉是很喜欢温暖的环境的，所以很多时候它们总是选择容易晒到太阳的地方进行自己的工作，只要保证背部会在阳光的沐浴下，它们就会非常快乐。

雌蝉沉浸在自己作为母亲的工作之中，很多时候当它将自己卵排放好，可另一种小虫却起了消灭卵的心思。这种小虫子也长着钻孔的工具，看上去非常不起眼。很多观察过的人都没有把这种小虫子放在心上，因此这种大胆的破坏行动也没有被观察到。

这是一种小蜂科的昆虫，身体的长度只有四五毫米，全身漆黑，腹部的中央固定着钻孔器，伸出来的时候与身体形成直角。直到现在我都没有抓到它，也不知道它到底有着怎样的名字。

我清楚地了解到，它的野蛮行径是不发出任何动静的，虽然它紧紧贴着的这个庞然大物举起足就可以将它压扁，可它依旧恬不知耻。我曾经看到过三只这样的掠夺者向那个可怜的母亲发起了进攻，它们就在蝉的后面站立着，将自己的钻孔器插进了蝉卵之中，或者等待好的时机到来，就会向高一点的地方爬去。面对这样的巨虫，它们没有任何恐惧的神色，就像是在做一件非常有意义的事情一样。

南欧熊蝉卵的颜色是泛着象牙白光泽的白色，形状是长方形的，两边像是圆锥一样尖尖的，如同一个微型的纺织梭。卵的形状为二毫米左右，宽度是零点五毫米，排列成了行，之间还会有一些重叠。

山蝉的卵就要相对小一些，如同一个微型的雪茄盒子一样，有规则地聚集在了一起。

让我们来讲一讲关于南欧熊蝉的故事吧。

一种全身漆黑的小昆虫趴在树枝上，正在偷偷消灭雌蝉母亲辛苦产下的卵，整个过程静悄悄的，没有发出任何动静。

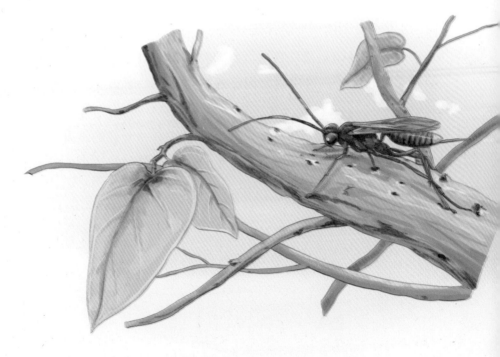

南欧熊蝉的卵泛着象牙白的光泽，形状是长方形的，两边像圆锥一样尖尖的，如同一个微型的纺织梭。

在九月份还没有结束的时候，蝉卵的象牙白就已经变成了麦子一样的金黄了。十月的时候，卵上开始出现了栗黄色的小圆点，这就是正在处于发育期的蝉的眼睛了呢！这两只眼睛很快就可以看到东西了，再加上圆圆的头顶，此刻的蝉卵就像是一条鱼一样。

在这个时期，我经常可以看到蝉孵化的痕迹，还会看到新生儿留下的破衣服和外套，这说明它们已经搬到另一个家去了，很快我就可以看到了。

虽然我的探访工作是很勤快的，应该有一个好的结果，可我还是没有亲眼看见小蝉从洞穴里面钻出来。我在家中饲养的虫也没有取得好的效果。

第五章

昆虫冠军

——螳螂

昆虫档案

昆虫名：螳螂

身世背景：无脊椎动物，分布在世界各种，尤其在热带地区种类最为丰富，全世界已知的约2000种；大多为绿色，头呈三角形，是农业害虫的天敌

生活习性：螳螂是肉食性昆虫，以各种小动物和小昆虫为食，能消灭不少害虫；有保护色，动作灵敏，并且只吃活虫；一般能存活六到八个月

绝　　技：动作灵敏，捕食仅需0.01秒

武　　器：胸前的一对"捕捉器"

螳螂们的食物

在法国南方还有一种同蝉一样让人觉得十分有趣的昆虫呢，只不过这个昆虫的名声似乎没有蝉的响亮，大概是因为它没有发出过蝉那样的声音吧。如果上帝也能赐予它那样的声音，让它拥有这样深入人心的条件，再加上特殊的体型和习惯，那么它一定会让歌唱家蝉甘拜下风的。

很多人都把这种生物看成是向人们传达旨意的女寓言家，沉迷在神秘信仰中的一名修女。这样的比喻是十分久远的，而农民们做出这样的比喻也是十分容易的，他们可以把表面看到的东西做点补充。这种生物在草地上威严地站立着，绿色的翅膀又长又宽，长长地拖到了地上，显然是一副祈祷的姿势，这样的模样给了人们想象的空间，就这样，螳螂被人们比喻为传达旨意的女预言家和正在向上帝祷告的修女。

威风凛凛的螳螂披着一身绿衣，它动作灵敏，能迅速捕捉昆虫，令对手措手不及，仿佛田野间的王者。

瞧，一只螳螂威严地站在草丛中，双臂缠绕着，
宽大的绿色翅膀一直拖到了地上，俨然一副祈祷
的姿势，因此也被称为修女螳螂。

可这样的比喻似乎是不贴切的，它那看似向上帝虔诚祈祷的双臂，
其实是可怕的武器呢！它的双臂并不是用来求得上帝的宽恕和仁慈的，而
是用来捕杀从自己身边路过的猎物的，或许给它起了这样外号的人们根本
无法想到，拥有这样一个外形的昆虫，竟然是要靠着吃活生生的生命来维
持自己的生命，它破坏了昆虫世界的和谐，简直就是一个残暴的生物！它
会捉来新鲜的活物，并且不紧不慢地吃掉。它就像是田野的霸王一样，有
着巨大的力气和一个爱吃活物的胃口，简直可以和恐怖吸血鬼画上等号。

昆虫冠军——螳螂

如果不去看它那几乎可以致命的工具，螳螂其实并不是十分可怕，它的身体是轻盈的，穿着的上衣高雅大气，身体呈现出淡淡的绿色来，再加上它那长薄的翅膀，看起来美极了，绝对没有张开翅膀时那如同剪刀一样的大颚。和这些完全不同的是，它的小嘴巴是尖尖的，像是要啄食一样。它的脖子从前胸里柔软地挺拔出来，可以自由地左右摆动，也能随意地前俯后仰。螳螂可是昆虫世界里唯一能够让自己的视线随意进行观察与打量的昆虫呢，或许还带有一些表情呢！

它的身体表现的是那么的安详，和它那被比喻成了杀人工具的足简直完全不同！它的前胸又长又有力量——那是用来向前抛出夹子寻找猎物的，并不是没有任何用处的。这对捕捉器的上面还有漂亮的装饰，在它胸的内部长着一个黑色的小圆点，而圆点的中心还有白色的小斑块，点缀着一行行漂亮的小珍珠。

它的前足腿节是要长一些的，就如同一个扁平的梭子一样，内侧长有两行小小的锯齿。一行锯齿有十二根，长的呈现出黑色，短的呈现出绿

螳螂的模样其实并不可怕，它身体轻盈，身体呈现淡淡的绿色，背上有着一双长而薄的翅膀，看起来优雅而美丽。

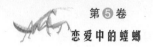
色，这些锯齿相间的长短可以使武器变得更加锋利。外面的就简单多了，只有四个刺齿。在两行锯齿的末尾还有三根长长的锯齿，是所有刺中最长的了。总体来说，螳螂的前足腿节就如同有力的钢锯，锯齿之间有小的沟槽，折叠的时候就会放到那个小沟槽里。

　　它的硬钩是非常锋利的道具，给我留下了极其深刻的印象。在捕捉螳螂的时候，有很多次我刚刚将它捉住，就被它的硬钩勾住了。这时，我用双手拿着它，没有办法将自己的手腾出来，只能寻求别人的帮助了。如果不能将这个插到肉中的硬钩拔出来，想强制摆脱的话，我的手一定像是被扎了刺一样留下一道伤痕的！不会有比螳螂更难对付的昆虫了！如果你想要活捉它，千万不要用力，否则这个家伙很容易被你掐死。可是它却想用自己的刀来抓你，并且用钩的尖扎你，还会用自己的钳子夹你……总之会让你招架不住的。

　　在闲下来的时候，螳螂会把自己的那对捕捉器折起来，并且高高地、神气地举在自己的胸前，看起来并没有伤人的意思，而这样一来，它又变

一旦发现猎物，螳螂会迅速张开捕捉器，抛出那可怕的硬钩子勾住猎物，再回收，同时将猎物抓到钢锯之间，胫节弯向腿节，紧紧地夹住它。很快，猎物就一命呜呼了。

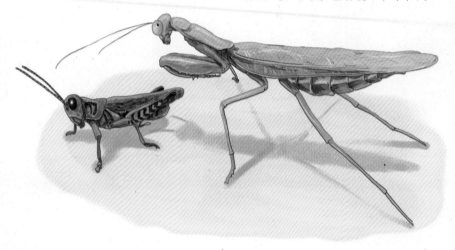

成了仁慈的祷告的昆虫了。可是只要有猎物出现在自己的视线中，这样的动作就会立刻消失。它会先将自己的捕捉器张开，将硬钩子抛到远处勾住猎物，再回收，同时将猎物抓到钢锯之间，胫节弯向腿节并紧紧地夹住，这一切就这样结束了。无论是怎样强壮顽强的昆虫被那样的尖刺夹住，都一定会一命鸣呼的，无论它们如何拼命地扭动，螳螂是绝不会松开的！

如果你想要系统性地研究螳螂的习惯，那么在野外几乎是行不通的，因为螳螂太无拘无束了，这种情况下，你就只能选择在室内饲养螳螂了。其实饲养螳螂倒不是很困难，只要吃的食物令它们满意，它们是不会介意被关在这里的。我每天都会给它们换上可口的食物，这样它就不会再去想念外面的世界。

到了八月份的下旬，我在干枯的草地上和路边总是能看到一些成年的螳螂，雌性螳螂每天都在增加，肚子也越来越大了，却几乎看不到它们那瘦小的伴侣们。很多时候我要费很大的劲才能给网罩里的螳螂找到搭配的伙伴，因为网罩里那些可怜的雄性螳螂总是会被吃掉。

雌性螳螂的胃口是特别大的，喂养的时间又是要好几个月，所以饲养它们是一件比较困难的事情，我每天都在给它们更换食物，而很多食物它们总是吃了几口就浪费掉了。我认为它们在出生的草丛里节省得多，而在我饲养它们的地方却是没有节制地浪费着，总是将最美最嫩的肉吃掉，然后将剩余的肉丢到地上再也不吃了，难道这样可以解决它们心中被关押的痛苦吗？

为了应付它们这样无节制的浪费，我只能寻求别人的帮助。我用面包片和西瓜块把附近有些无所事事的小家伙们收买了，他们每天早上都会跑到周围的草坪上，将那些蝗虫和蛐蛐装进笼子里。

当我把这些捕捉到的家伙放进网罩后，螳螂就向它们发起了猛烈的攻击，我相信在它们自由的时候也是这样进行攻击的。

很多中等个头的虫子对于螳螂来说，捕捉它们是轻而易举的。勇敢的猎手们从来就没有退缩过，它会用锯齿捕捉这这些昆虫，然后慢慢地享用它们。

如果螳螂在网纱上看到一只跌跌撞撞的巨大蝗虫，它就会立刻兴奋地跳动起来，并且摆出吓人的姿势，如同被电流刺激到了一样。

它们把前翅展开斜着放到两边，然后把后翅完全展开，如同两片船帆一样。它把腹部向上卷曲着，然后再抬起放下，如此循环发出声音，又如同是受到了惊吓。

它骄傲地站立着，用后面那四条漂亮的腿，胸挺得非常直，神奇十足地叠在胸前的那对捕捉器也完全地打开来，交叉成十字的形状伸了出来。螳螂就用这样的姿势一动不动地盯着眼前的蝗虫，一旦对方先有了动作，它的头就会跟随着对方微微转动着。我想，它摆出这样的姿势来就是想吓一吓这个比自己大的猎物吧！它一定想把这只蝗虫吓得一动不敢动！但糟糕的是，如果对方并没有被这样的姿势吓到，那么它就会有危险了。

它的目的到底有没有达到呢？没有人知道，我们从它的面孔上并没有发现什么不安的迹象。但是那些受到了威胁的昆虫一定是知道自己有危险的，对手像是一个恐怖的幽灵，举着武器准备向它进攻，它完全感到了自己正在和死神接近着。现在逃避还是来得及的，可它并没有选择逃跑。它是擅长蹦跳的健将，逃走其实是很容易的，可奇怪的是，它就那样乖乖地站在那里，甚至还向螳螂慢慢地靠近着。

如果说一只小鸟在蛇对它张开嘴巴之前就已经不敢动弹了，那是因为蛇那恐怖的目光吓住了它，所以它才会被蛇抓住吃掉，而在很多的情况

在与蝗虫的较量中，螳螂获得了胜利，它合
拢自己的捕捉器，用锯子将猎物紧紧夹住，
要准备美食一顿了。

下，蝗虫也是这样的，它已经落在了螳螂可以控制的范围之中，螳螂找准
时机将钩子扑了下来，然后合拢它的捕捉器，再将锯子夹得紧紧的，这样，
那个倒霉的蝗虫无论怎么反抗都没有用了，因为它根本咬不到螳螂的。这
个时候螳螂便收起自己的翅膀，恢复了正常的姿态，开始大快朵颐！

　　如果螳螂遇到了不可以小瞧的家伙，那么它就会摆出那个可怕的姿
势，想吓唬住猎物，也可以让它的钩子找到适合的地方捕捉自己的猎物，
然后再用夹子将猎物夹紧。它就是这样突然摆出恐怖的姿势将自己的对手
吓唬住的。

　　在摆出这个姿势的时候，螳螂的翅膀起了很大的作用呢，它的翅膀
又宽又大，除了边缘是绿色的，其他的部分都是透明的。翅膀上长着很多
脉络，像是一把扇子一样，纵横着穿过它的翅膀，交错着成了直角，形成
了网眼。当它摆出那种幽灵姿势的时候，就会把翅膀平着铺展开来，如同

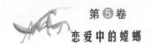
两个竖立着的平行面，挨在了一起，如同蝴蝶白天没有飞翔时的状况。当螳螂张开它的翅膀的时候，我只要用指甲快速擦过它的翅膀，就会发出那种如同呼吸一样特殊的声音。

　　雄性的螳螂必须长有翅膀。它们又瘦又矮，作为交配的一方，必须要去流浪，因此它的翅膀是十分发达的。可这个家伙太没出息了，并不是很能吃，我的网罩里几乎没有强壮的雄性螳螂，我看到它所食用的东西都是一些瘦弱的蝗虫，并且很不起眼，也并没有任何的杀伤力。雄性螳螂并不具备那样幽灵恐怖的姿态，因为这样的姿态对于没有任何野心的它们来说，根本没有用处。

　　可相反的是，雌性螳螂会因为肚子里的卵渐渐成熟而变得愈发肥胖，那它的翅膀还有没有存在的必要？雌性螳螂只是爬跑，我从来没有见过它飞起来呢！或许是因为它的身体太重了吧。可翅膀对它们来说到底有什么用处呢？

　　看看修女螳螂的邻居灰螳螂，就会很快明白这个问题了。

雄性的灰螳螂有着可以快速飞跃的翅膀，而雌性的灰螳螂则带着一个长满了卵的大肚子，翅膀便缩得很小了，所以雌性的螳螂根本没有必要去飞行，可它却依旧保留着自己的翅膀，这样有错吗？不，这并没有错，因为螳螂需要捕捉很大的猎物呢，很多时候，一些隐藏的地方会出现难以对付的猎物，所以最好的方法是先吓唬对方，让它们感到恐惧，然后降低防御的能力，正因如此，它们才会展开自己那幽灵一样的翅膀，虽然那翅膀不可以飞翔，却是很好的捕猎工具呢！

可这样的策略对灰螳螂是没有任何用处的，灰螳螂只捕捉那些弱小的飞虫。

如果一只螳螂连续几天都保持着饥饿的状态，那么它可以将一只和自己同样大甚至更大的蝗虫整个吞掉，只剩下一堆硬硬的翅膀。而消化掉这么一个大的家伙，它们只需要两个小时就可以了，这样的怪物可实在是少见呢！

螳螂的胃口也很大呢，一只饿了几天的螳螂甚至能吃掉一只比自己还大的蝗虫，而且仅仅需要两个小时，听起来实在可怕。

螳螂们的爱情

　　我刚刚了解到，螳螂可能与人们从称呼上所了解的并不一样。或许人们以为它会是一个与人相安的昆虫，可看到的却是一个极度凶残的灵魂。这些昆虫对自己的同类也是凶残至极的，在这一点上，恶名在外的蜘蛛也无法与它们相提并论。

　　为了让桌子宽敞舒服些，同时还可以将一些必要的设置留住，我将很多只雌性螳螂放在了同一个网罩里面，最多的时候有十二只。这个空间令它们十分满足，并且可以给它们足够的活动空间。螳螂在肚子变大后，

体重也会随之变重，因此它们并不怎么热爱运动。它们会在金属的网上攀附着，一动不动地消化着食物，或等待猎物从这里经过。在大自然里生存的时候，它们也是这个样子的。

我知道同居是有一定危险的。没有了足够的食物，就算脾气再好的同类也会互相争吵起来，而我的这些食客没有一个喜欢去做和事佬，所以我经常留心，保持网罩里有足够多的蝗虫，并且每天都要换上两次，这样的话，螳螂之间即使发生了战争，也绝不会是因为缺少粮食的缘故。

刚开始的时候事情发展得还是不错的，网罩里所有的居民都和平相处着，每只螳螂在它们自己的范围内捕捉着食物，并不会去给自己的同伴找麻烦，可这样的情况并没有持续多久，随着雌性螳螂肚子一点点地变大，里面的卵细胞也渐渐变得成熟起来，交配和产卵的日期也一步步地接近着，那些可怕的嫉妒心就这样随之复活了，虽然我并没有放那些会让它们争斗的雄性螳螂在网罩里面，可卵巢的变化还是影响了这一群雌性螳螂的情绪，使它们疯了一样自相残杀，所以网罩里出现了捕食者们的争斗声，出现了

为了避免待在网罩中的螳螂为食物起争斗，我常常留意网罩中是否有足够多的食物，并且经常为它们补充食物。

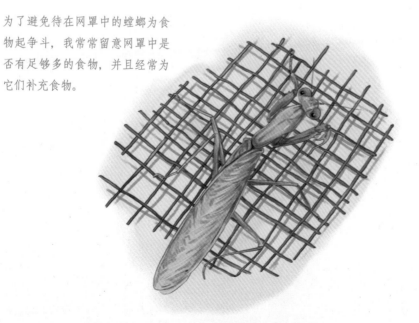

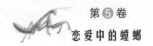

幽灵一样闪动着翅膀的声音。

突然，那两只气势汹汹的螳螂已经摆出了战斗的姿势，它们不停地转动着自己的头，挑衅着，用一种充满蔑视的目光看着对方，翅膀发出抗议一样的扑扑的声音，如同在吹响战争的号角。如果这场战斗只是一场极其轻微的交锋，没有形成什么让人难以处理的可怕后果，那么它们的姿势绝对不会让人感到这样的恐怖。

就在这时，令人吃惊的一幕发生了——其中一只螳螂突然松开了铁钩，伸长手去打中自己的对手，然后飞快地撤离了防守，对手也用同样的方法进行回击，二者不知疲倦地争打着，如同两只竖着毛相对的猫。如果有一只螳螂柔软的肚子上出现了略微的血迹，甚至有的时候它们并没有受伤，这只螳螂就一定要撤退了，另一只螳螂也会摇晃着自己胜利的战旗离开，准备捕获蝗虫。表面上看起来它是十分平静的，其实它是在酝酿着如何重新开始战斗。

很多时候结局都比想象的要惨烈一些，失败者绝望了，它们摆出决战的姿势，将足举在空中，然后展开。胜利者会用自己的钳子把那可怜的失败者狠狠地掐住并且送入自己的嘴巴中——从脖子开始。它们平静地品尝着自己的同伴，自己的姐妹，像是这样的状况本就合情合理一般。四周

螳螂的爱情异常残忍，雌性螳螂甚至会在婚礼进行中开始咀嚼和吞噬自己的情人，令人唏嘘！

围观的群众并没有因为发生这样的情况而抗议，在它们看来这是极其正常的，它们甚至希望自己也有机会品尝同类。

昆虫是这样残忍，连狼都不会去吃掉自己的同类，可螳螂却没有一点顾忌，就算它们喜爱的食物就摆在四周，它也一样会将自己的同类作为美味吃掉。

这种行为和想法很多时候到了令人反感的地步，那么螳螂的交配到底是怎样的呢？让我们来看一看。为了避免杂乱无章，我把一对对螳螂情人分开了，并放在不一样的网罩里。每个窝中我都放了一对螳螂，没有人会去打扰它们的交配，并且我还给它们提供了足够的食物，好让它们不至于挨饿。

快要到八月末的时候，雄性螳螂的求爱时机似乎是成熟了，它频频向自己心爱的人传递讯息，扭曲着自己的脖子，并高高地将胸膛挺起，尖

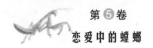

尖的小脸看上去像是一张多情的面孔呢！它就这样一动不动地看着自己心爱的对象。可雌性螳螂似乎并没有什么特殊的反应，也没有移动自己的位置。可那求爱者不知发现了什么接受的信号，它突然向前靠了去，然后张开翅膀，不停地抽搐颤动着。这就是螳螂们的表白了。雄性的螳螂扑到雌性螳螂的背上，死死地缠在上面，稳定下来。很长的时间后，它们完成了交配，大多时候要五六个小时呢！

这对看似幸福的螳螂们从头到尾几乎是一动不动的，并没有什么值得我去观察的地方。最后它们终于分开了，不过奇怪的是它们又很快地黏在一起了。

在交配完成的当天，雌性螳螂就丝毫不留情地抓住了自己的丈夫，按照习惯先吃掉了颈部，然后小口小口地把自己的爱人吃掉，最后只剩下一对可怜的翅膀。这一定不是同类之间的嫉妒了，我认为这一定是一种我不了解的低级趣味。

而让我奇怪的是，这只刚刚受精了的雌性螳螂会怎样去对待下一只求爱的雄性螳螂呢？结果令我非常惊讶，大多数情况下，这只雌性螳螂都会不厌其烦地接受其他配偶的求爱，也并没有因为食用了自己的配偶而满足了自己的贪欲，它不停地接受雄性螳螂的求婚，然后继续慢慢地吞掉它们，无论哪只都逃不过这样的命运。两个星期的时间里我就这样看着这只雌性的螳螂一共吃掉了七只雄性的螳螂。

雌性螳螂的狂欢其实是很常见的，可是程度却是不一样的，但也总会有一些例外。在天气十分酷热的时候，它们对爱情的需求总是很强的，而狂欢也几乎是普遍的规律了。身处这样的天气中，螳螂们的情绪要比往日激动很多，在那个群居的网罩里面，雌性螳螂更加疯狂了——它们疯了一样地互相撕咬着，打斗着。在单独隔开的网罩里面，两只螳螂交配后，雄性螳螂似乎理所当然地就成了对方的食物。

雌性螳螂竟然如此残忍地对待自己的配偶！我需要找到一个借口。我想在野外，雌性螳螂或许不会这样做，更或许雄性螳螂可以在完成自己的任务后飞快地逃离这个可怕的地方，也离开自己这个可怕的妻子，它们之所以会成为食物的原因是因为它们被我关在了网罩里。我并不知道草丛里螳螂们的真实情况，只能靠偶然在野地里所收集的一些资料来做些了解。那些被关在网罩里的螳螂悠闲地晒着太阳，吃得胖胖的，住得也十分舒服，看起来并没有思念自己的家乡，这样来看，那些发生在网罩下面的情况应该也属于正常的了。网罩里发生的一切，完全驳回了雄性螳螂逃跑的理由。

偶然之间，我见到了一对十分恐怖的螳螂情侣。雄性螳螂在自己的任务中沉醉着，抱着自己的妻子，但让我大吃一惊的是，这个家伙已经没有了头和脖子，连胸部也所剩无几了，可这时雌性螳螂缓缓地将脸转过来，继续安静地啃噬着情人剩下的躯体，而那已经被截肢了的雄性螳螂仍然紧紧地贴在配偶身上，似乎还在享受着爱情的甜蜜！

曾经有人说过，爱情比生命重要，这句话似乎在螳螂的身上得到了非常严格的证实。被吃掉了头和胸部，只有了半具尸体，雄性螳螂还依旧在给卵巢受精，只有在生殖器官所在的肚子被完全吃掉了后，它似乎才肯

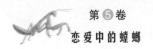
放开自己的手。

如果说在婚礼结束后吃掉自己的丈夫，把那似乎没有任何用处的家伙作为自己的食物，对没有什么感情的昆虫来说似乎是可以理解的，可雌性的螳螂竟然在婚礼进行的当时就开始咀嚼吞噬自己的丈夫，这样的事情是远远超出人们想象的！虽然我亲眼见到了，但我仍然没有办法从这样的景象里回过神来。

那么雄性的螳螂在进行交配的时候可以逃开吗？答案是否定的，螳螂的爱情似乎与蜘蛛的爱情一样没有人道可言，我认为甚至超越了蜘蛛。虽然我承认在那狭小的空间中的确方便于将雄性的螳螂杀掉，但其原因——似乎要从别的地方探寻了。也或许这是残留在某个时期的记忆才促使它们如此的吧！在它们眼中，这应该就是最完美的爱情了吧？

把雄性作为自己的食物享用，螳螂家族的其他成员也是这样干的，所以我就把这看成螳螂的一般习性。灰螳螂、修女螳螂……无论哪一种螳螂，都会将自己的配偶残忍地吃掉。螳螂之间的爱情，是不是令你大吃一惊？

螳螂们的家庭

虽然螳螂的爱情是令人唏嘘的，但或许也会有一些好的方面，下面还是让我们来一起了解一下，它有哪些好的地方吧！

螳螂们的窝可以算得上是一个奇迹呢！

修女螳螂很多时候选择将自己的窝建造在面朝阳光的地方，在那些自然物或人造物的上面，当然，只要可以把它们的窝牢固地粘住并支撑住，就没有任何的区别了，它们就可以放心地将窝建在上面了。

螳螂的窝一般只有四厘米长，两厘宽，如同麦子一样呈现金黄色。如果你把它们放进火里烧，那么火苗就会变得很是旺盛呢！而且会散发出淡淡的烧焦味道。

修女螳螂常常在面朝阳光的地方筑造巢穴，它们的巢穴一般只有两到四厘米宽，从外部看呈现麦子一样的金黄色，像一束燃烧的火苗呢。

　　事实说明，它们做窝用的材料应该是与丝相同的，只不过并不能像丝那样拉长，而是凝成了泡沫似的一团。倘若它们的窝建在了大树的树枝上，底部就会被包裹住，并且紧紧地挨着那些小树枝，最奇怪的是那些形状竟然也会随着支撑物的凹凸不平而变化！

　　那么如果窝是建在一个平面上的呢？

　　答案很简单，如果将窝建在一个平面上，窝的底部自然就会呈现出平面状，与那些支撑的平面牢牢地连接在一起。而此时此刻的窝就像是一个不规整的椭圆形，一边圆钝，可另一边却是尖细的，并且时常会出现一个很短的延伸部分。

　　在任何情况下，螳螂的窝从外表看都会有规则的形状凸起，并且可以分出三个比较明显的纵向区域。仔细地观察可以发现，中间的那部分是最窄的，上面有鳞片，如同瓦片那样有趣地重叠着。鳞片的边缘是空的，

一个刚刚被小螳螂丢弃了的巢穴中央，挂满了
它们蜕皮后所留下的外皮，这些外皮在外面经
受了风吹雨打，很快就会消失。

只留下了微微可以展开的缝隙，螳螂的幼虫孵化后，就可以从那条缝隙里钻出来了呢！在一个刚刚被小螳螂丢弃了的窝的中央部位，挂满了它们蜕皮后所留下的外皮，只要有微风轻轻吹过，它们就会摇动起来。而这些外皮在外面经受了风吹雨打，很快就会消失。

我把这个部分称作出口区，因为螳螂的幼虫只有顺着这个地方，并且利用这个提前准备好的出口，才能得到自由。

这个可以容纳众多后代的摇篮的其他部位是没有任何办法可以穿透的，窝的两侧长条地带占据了大部分的位置，并且表面连接得十分完美。

我将窝横着切开了，然后就看到了卵——它们像是长而坚硬的核，核的两侧还覆盖着一层有很多小孔的皮，与那些凝固着的泡沫有些相像。核心的上面还有着弯弯的并且十分紧密的薄片，那些薄片是可以活动的，它们的顶部与出口区紧紧地挨着，并且在那里形成了两行重叠着的鳞片。

然而，卵就安静地在这浅黄色的角质外壳的里面，一层层整齐地排

列着，一直从头部聚集到出口区。我依照着这种方法，懂得了螳螂若虫走出来的方法。

最新出生的螳螂若虫就是这样从果核延伸着的部分中那两块相邻薄片之间的缝隙中慢慢爬出来的。它们聪明地在那里寻找到又窄又小的通道，这些通道看起来虽然是很难通过的，可是在我的特殊工具的帮助下，大家就可以明白，那是完全可以让它们穿越的！

它们就这样渐渐到达了中央地带，在那里重叠的鳞片下有两个小小的出口，是留给每一层虫卵的，一半虫子会从左边的小口出来，而另一半则会从右边的小口出来，这种规律是不会改变的，整个窝的每一层的结果都是相同的。

如果大家没看过螳螂窝的详细构造，是很难把它们弄明白的。

所有的卵几乎都是顺着窝的中央线一层层地聚集起来，形状像是海枣的核。核的外面还覆盖着凝固的泡沫状保护层，只有在中间的部分，泡

螳螂的卵安静地待在浅黄色的角质外壳内部，一层层整齐地排列着，一直从头部聚集到出口区。

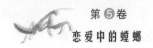

沫状的多孔层才会被并列着的两块薄片所取代。两块留在外面的薄片的一部分就形成了出口区，与两行小小的鳞片重叠在了一起，并且还给每一层卵留下了两个出口，形成了两条狭窄的缝隙，是不是很有趣？

我所研究和探寻的重点是，螳螂们是如何建造出这样复杂的窝的。经历了许多困难，我终于见到了，所幸螳螂产卵是非常随意的，而且时间经常是在夜里。我花费了很多的功夫，终于有了看见这一切的机会。一只受精的雌螳螂在将近凌晨四点的时候在我的面前产卵了。

在看它是如何工作之前，我需要留意一点：金属罩中的很多螳螂都会选择金属网纱作为它们的支点。我曾经十分仔细地在网罩里放了很多形状不一的凹凸石块，还有百里香，这些全部都是它们在田野里时常可以用得到的支撑物。可奇怪的事情发生了——这些螳螂似乎只喜欢那铁丝网，这应该是因为在造窝的时候，刚开始的那些建造材料是十分柔软的，并且可以镶嵌到铁丝的网眼中去，那样它们的窝就会变得十分牢固呢！

在自然的条件下，窝是没有任何遮挡的，所以它们就必须要经受得

产卵时，雌螳螂更偏向选择金属网来作为支点，这可能是因为，怀孕的母亲需要找到一个凹凸不平的支撑物来粘住巢穴的底部。

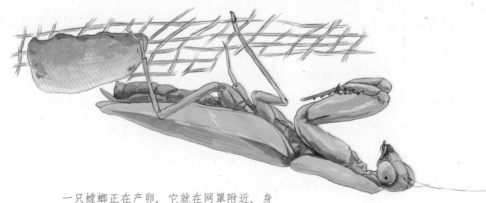

一只螳螂正在产卵，它就在网罩附近，身
体倒挂着，聚精会神，完全没有顾忌到周
围的任何打扰。

住冬日风霜雪雨的来袭。怀孕的螳螂是需要找一个凹凸不平的支撑物，以
便可以将窝的底座粘好。或许这就是它选择金属网纱的缘故吧！

这是唯一一只愿意让我观察它产卵的螳螂，它就在网罩的附近，身
体倒挂着。因为它沉浸在自己的工作中，我用放大镜去观察它，它也没
有任何反应，就算我将金属网罩掀开，它也不会停止工作。当我用镊子
抬起它的翅膀，试图看得更清楚一些的时候，它依旧丝毫不动，一点都
不在意。可是它的动作实在太快，我观察时遇到了一些困难。

因为螳螂腹部的末尾总是浸在一团泡沫里，我没有办法看到它的细
节。那是一团灰白色带有黏性的泡沫，很像肥皂泡。我将麦秸伸进去，再
取出来的时候泡沫很容易地就粘在了上面，可过一会泡沫就凝固了，再也
没有办法粘住麦秸了。

这个包着气体的小泡泡形成了窝上的孔，让整个窝看起来比螳螂
的肚子要大得多，虽然泡沫是出现在螳螂的生殖口的，可那些气体很明
显并不来自螳螂的体内，而是从空气之中吸收而来的。所以我得知了一
点——螳螂造窝主要利用的是空气，这样就可以让自己的窝能够抵御恶
劣的气候了。

螳螂从身体中排出了一些黏液，就如同一些幼虫的丝液一样。它的腹部末尾张开了一条长长的裂缝，像是勺子一样飞快地搅拌着，于是那些液体就变成了泡沫，它的动作实在太快，所以我没有办法去看清楚细节。

它的臀部一直在颤抖着，使得那两个小裂瓣快速地一开一合。而它每摆动一下，就会多出一层卵来，同时窝的外面就有了一条小横纹。它就这样前进，间隔非常短的时间，可它的泡沫却越来越多了。它的臀节好像突然没入了水中，越来越深，黏液如同阵雨一样被尾部的两个小裂瓣搅成了无数的泡沫，然后涂抹在每层的卵下和窝的底部。

虽然我没有办法直接观察这一切，但我已经猜测到了卵应该在窝中心的位置，是包裹在一个比外层更加均匀的物质里面。因为它是在那里利用它排除物质的，并不是用小勺子搅动泡沫。当它开始产卵时，两个裂瓣

螳螂产卵时，从身体中排出了一些像幼虫一样的丝液。它的腹部末尾张开了一条长长的裂缝，像勺子一样飞快地搅拌着，于是那些液体就变成了泡沫。

就开始搅动泡沫并裹住了它,可这些猜测在泡沫的遮掩下是很难弄清楚的。

在窝的出口地方涂抹着一层白色的,没有光芒的细密材料,如同石灰一般,和整个窝形成了鲜明的对比,就像是蛋糕师傅用来装饰的东西一样。这层东西很容易脱落,一旦脱落,就清楚地显示了出口的地方,那一端两行小小的薄片也显露了出来。由于外界的因素,这个涂层会一片片地掉落,这或许就是老窝为什么没有留下涂痕的缘故了吧!

在刚刚开始的时候,人们可能会觉得这雪白的涂层材料和窝的其他地方是不一样的,可螳螂会用两种材料制造它的窝吗?答案是否定的。解剖学告诉我们,那些材料是一样的。分泌这些材料的器官是褶皱的肠子,分成两组,一组有二十多根,里面全部装着黏稠而没有颜色的液体,无论哪根肠子的液体都是相同的,也并没有显示出分泌白色石灰的液体。

除此之外,雪白涂层形成的方式也打破了材料可以不一样的预想。螳螂用尾巴扫着那些泡沫的表面,把表面的泡沫收集到一起,再固定到窝的外边,并形成了一条长长的带子,在它们扫完后,剩下的就是那个还未凝固的物质了!螳螂把它们全部摊到了窝的侧面,就这样变成了薄薄的石灰浆。如果用放大镜去观察的话,还可以看到石灰浆的里面冒着小小的气泡呢!

那些被泥浆染黑了的泡沫上露出了许多体积很小的白色气泡,因为泡沫的密度是不一样的,所以雪白的泡沫从那些脏脏的泡沫里浮了出来,并漂在上面。这时,它用自己的勺子将那些分泌出的黏液搅拌成了泡沫,而泡沫中最轻盈的气泡又漂浮到了表面,经过它们的手就变成了那雪白色的涂层了。

螳螂在中间部分那重叠的鳞片下为自己的若虫准备好了出口,可对于这些我知道得非常少,只能做出这样的结论:螳螂腹部尾端从上到下长长地裂开,就像是一个刀口一样,刀口的边上是不动的,下边则来来回回地摆动,从而生产出泡沫和卵,而刀口上端是用来做中间那些部分的工作的。

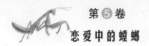
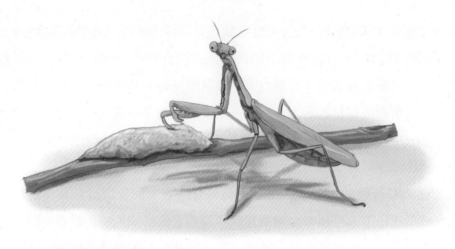

螳螂腹部尾端从上到下裂开了，形状如同一
个刀口，通过这个刀口的上下来回摆动，它
生产出了泡沫和卵。

螳螂幼虫的出世

修女螳螂的卵一般都会在六月中旬的时候孵化。螳螂窝中间的出口
部位，就是给幼虫出来的唯一一条路径了。在那下面的每一个鳞片下，会
渐渐地钻出一个半透明的圆块，然后是一对很大的黑点！不用好奇，因为
那就是螳螂若虫的眼睛了。在那鳞片下，有新的生命正在缓缓地滑动着，
已经有一半解放了。这个是不是就是与成虫十分接近的若虫形态的小螳螂
呢？答案是否定的，这仅仅是个过渡的形态而已。

你看，它的头又圆又肿，呈现的是乳色，轻轻地颤动着。它身体的
其他地方是淡黄色的，并且带着微微的红。它的全身被膜包裹着，我们几
乎可以十分清楚地看到那由于膜的覆盖而变得浑浊的大眼睛呢！还有紧紧
贴在胸前的口器和贴在身前的足。这样的形状——圆润的脑袋，眼睛，柔
弱的腹部，看上去就如同一种小型的鱼。

这是一种具有两态现象的昆虫，这个形态的任务是克服困难将螳螂的若虫带到这个世界上来。如果螳螂若虫的身体完全解放，它们就一定没有办法去克服那些障碍了。蝉为了从那狭窄的卵壳中走出来，几乎出生的时候就包裹着一层襁褓，这样有利于它慢慢滑动。

可螳螂的若虫也遇到了一样的困难呢！它需要从那弯曲的通道中慢慢地爬出来，可如果它那细长的身体完全伸展，就几乎找不到可以容纳它的地方了。那原本在生活中用途极大的器官现在却成了它走出这里的障碍，让它们的解脱变得无比困难，甚至难以实现，所以它在出生的时候也包着一层襁褓，像是一条小船一样。

如果说昆虫的世界是无穷的矿藏，那么蝉和螳螂又给我们开了一条新的矿脉。我从它们的情况之中总结出了一条规律——若虫并非都是直接产卵的。如果新生的虫子需要面对破壳而出的许多困难，那在它们变态之前一定会有一个过渡的形态，叫做幼龄幼虫，它们基本的任务就是将自己的生命带到这个世界去。

在出口部位的鳞片下，所谓的幼龄幼虫已经出来的。它的头上沾满了丰富的汁液，并因此膨胀了起来，几乎变化成了一个半透明的水泡，不断地颤动着，没错，这个水泡就是它们用来蜕皮的工具了。这个已经爬出

螳螂和蝉告诉人们，在奇妙的昆虫界，并非所有的若虫都直接产于卵，有些新生的虫子需要面对破茧而出的许多困难，才能来到这个美丽的世界。

了一半的小生命在不停地摇动着，每摇动一次，它们的头部就会变得比刚刚大一些。最后，它们的前胸会高高地拱起来，并把头向胸部用力地弯曲着，直到前胸的膜破裂开来。这个小小的生命开始不断地拉长，扭曲，摇摆……它的足就这样解放出来了，长长的触角也解脱了，只是全身被一根细带同自己的窝连在了一起，但这似乎并不碍事呢，它只需要几个简单的动作，就可以轻松地摆脱了。

这个时候才是若虫真实的形态。那留在窝上的是一根看不出形状的细细的带子，就如同一件破旧了的衣衫，这就是若虫在艰难挣脱膜后所留下的破烂的外衣了。

我观察了解了一下这样的情况：螳螂窝的尾端往前突出的尖角上，有一个白色的区域，这是一些容易破碎的泡沫，它们只用这个泡沫堵塞住圆孔，是仅有的出口了。窝的其他地方都是非常牢固的，而这个气孔就如同修女螳螂窝上的鳞片区，灰螳螂的若虫只有通过这个气孔，才能够平安地逃出禁锢它们的地方。

在它们孵化没多久后，我便发现了它们褪去的薄膜，那被它们丢弃的可怜的衣裳，随着微风轻轻地吹动着，这也同样是它们获得自由的宣告。但也就是这件破旧的外衣，让它们在难走的窝中可以毫无阻碍地行动着。于是，灰螳螂也有了初龄幼虫，它在一个小小的外鞘中，可以帮助它解脱。六月就是它们从窝中出来的时间了。

然后，让我们再说一说修女螳螂吧。

同一个窝中的卵其实并非都是同一个时间孵化的呢，大多数时候它们都是接二连三地爬出来，中间间隔的时间有两天甚至更长的呢！一般都是最后产在窝尖的卵最先孵化出来。

先产下的卵后孵化，后产下的卵先孵化，这颠倒的顺序大概是窝的形状所造成的。在窝尖细的那一边更容易接受阳光，而窝底的那一面体积比较大，无法很快地吸收所需的热量，所以尖细那边的卵成熟的要早一些呢。

很多时候虽然卵总是陆续地孵化，但出口的部位经常被全部孵化了的生命包围住，上百只生命从窝里挣扎出来的场面如果被你看到，一定会吃了一惊。它们的摇动就如同是复苏的信号，渐渐地传递着，四周飞快地孵化，挤满了小小的螳螂，乱七八糟地爬着，脱掉自己破旧的衣服。

这些小生命在自己窝上停留的时间是很短的，它们很快掉到了地上或爬到了旁边的草地上，整个过程也只有二十分钟左右。

我总是可以看到修女螳螂的孵化，大多数都是在有阳光的露天场所里，有的时候是在家中的角落，我曾经以为这样可以好好地保护那些刚出生的小家伙们，我不止一次看到过孵化过程，可几乎每一次都令我难忘。修女螳螂的肚子可以产下千千万万个卵，但是，如果它们需要去抵抗吞噬者，它们的生产量是远远不够的。

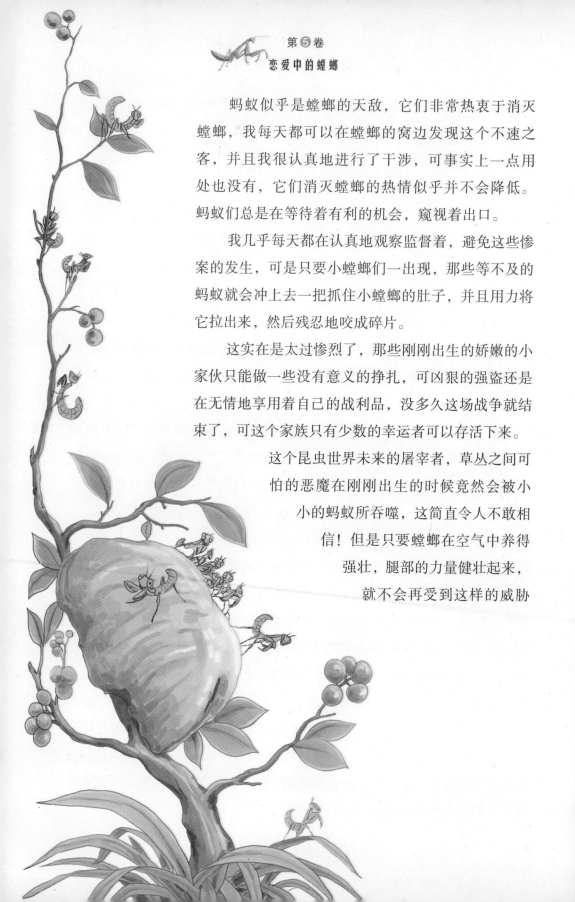

　　蚂蚁似乎是螳螂的天敌，它们非常热衷于消灭螳螂，我每天都可以在螳螂的窝边发现这个不速之客，并且我很认真地进行了干涉，可事实上一点用处也没有，它们消灭螳螂的热情似乎并不会降低。蚂蚁们总是在等待着有利的机会，窥视着出口。

　　我几乎每天都在认真地观察监督着，避免这些惨案的发生，可是只要小螳螂们一出现，那些等不及的蚂蚁就会冲上去一把抓住小螳螂的肚子，并且用力将它拉出来，然后残忍地咬成碎片。

　　这实在是太过惨烈了，那些刚刚出生的娇嫩的小家伙只能做一些没有意义的挣扎，可凶狠的强盗还是在无情地享用着自己的战利品，没多久这场战争就结束了，可这个家族只有少数的幸运者可以存活下来。

　　这个昆虫世界未来的屠宰者，草丛之间可怕的恶魔在刚刚出生的时候竟然会被小小的蚂蚁所吞噬，这简直令人不敢相信！但是只要螳螂在空气中养得强壮，腿部的力量健壮起来，就不会再受到这样的威胁

蚂蚁似乎是螳螂的天敌，它们非常热衷于消灭螳螂，人们总能在螳螂的窝边
发现蚂蚁的踪迹，它们窥视着洞穴的出口，等待着有利的机会。

了呢，当这时的它再走过蚂蚁身边的时候，那些曾经对它们进行屠杀的蚂蚁就不得不给它们让路了。这时螳螂犀利的前腿收在了胸前，像是一个专业的拳击选手，那高贵的模样不得不让蚂蚁感到畏惧。

但并不是所有的情况都是这样的呢，还有另一个喜欢吃嫩肉的家伙就不会惧怕这种威胁——小灰蜥蜴。我不知道它是如何发现猎物的，它就那样赶过来，用自己的舌尖把那些刚从蚂蚁口中逃亡的小生命一个个舔入口中，虽然是小小的一口，却是十分美味的样子，它满足地眨着眼睛，享受着美食。

难道螳螂的天敌只有这些吗？答案是否定的，还有另一个强盗已经在蜥蜴和蚂蚁的前面了呢！虽然它的个子是最小的，可它是最可怕的，那就是一种膜翅目寄生蜂，有着长长的钻孔器。我收集到的很多螳螂窝几乎都是空的，我想是这不速之客光临过的原因。

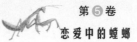

小灰蜥蜴也是螳螂的天敌，它总是待在一旁，把那些刚从蚂蚁口中逃出来的螳螂舔入口中，津津有味地吃掉。

　　小小的螳螂刚刚孵出时的样子是这样的——皮肤苍白，有着淡淡的黄色，头上的水泡正在快速地缩小直至消失，皮肤的颜色也随之变深了，几乎一天的时间就可以变成浅浅的褐色。这个时候小螳螂已经十分灵活了，它举起锋利的前足，打开再合上，头部左右转动着，弯曲着腹部，动作异常地敏捷。几分钟后，它们停了下来，在自己的窝上推搡着，散开到了地面的植物上去。

　　我在自己的网罩里安置了很多流浪的家伙，可我需要用什么来饲养这些未来的猎人呢？我拿来一支爬满了绿色蚜虫的玫瑰花送给它们，这肥胖的虫子身上长满了嫩嫩的肉，实在太适合我饲养的那些虚弱的小家伙了，可它们似乎并不受欢迎，没有一只螳螂去碰它们。

　　我又换了小飞蝇，可螳螂们依旧将它们拒绝了，碎苍蝇也没有得到它们的注意。最终我找到了蝗虫，是几只刚刚孵化的小小蝗虫。虽然小蝗虫的个子很小，可却与那些刚刚出生的螳螂一般大了，这次小螳螂可以接受吗？结果还是出乎我的意料，它们在这样小的猎物前，竟然吓得落荒而逃。

孵出一段时间的小螳螂已经十分
灵活了，它机灵地转动着头部，
动作异常敏捷，从自己的窝旁爬
到了散开的植物叶子底部。

　　可它们到底需要什么呢？我实在无法将它们的食谱捉摸透，最终我
的实验失败了，这群什么都不接受的小家伙饿死了。

　　可是这样的失败也是有价值的，这恰好证明了螳螂有一种我不曾发
现的食谱。

　　还有一个比较严肃的问题：螳螂的生殖能力是可以逐渐提高的吗？
在蚂蚁蜥蜴等敌人的消灭下，它们后代的数量越来越少，那么在螳螂的卵
巢里是否还可以孕育更多的胚胎呢？它如今有着如此大的产卵数量是不是
因为曾经那衰弱的生殖能力爆发来的呢？很多人就是这样认为的，可并没
有证据。

　　鱼的产量也是非常多的，为了养活无数挨饿着的生命，自然界的有
机物似乎还是不够的。螳螂和鱼是一样的，都可以追溯到远古的时代，看
看它那奇怪的形状和野蛮的习惯我们就可以知道了！何况它产卵的数量又
是那样的丰富。

　　我靠近着去观察它的工作，草坪已经变绿了，蝗虫们正在咀嚼着那

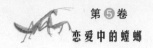
翠绿的青草，螳螂也过来了，将蝗虫吞噬掉，于是它的卵巢变得鼓了起来，产下了数量近千的卵。卵孵化后蚂蚁跑来享受美食，螳螂的体积是很大的，可或许是因为它的本能不够强大，才导致了这样的悲剧。

不一样的螳螂

被视为生命第一母亲的海洋，在其深处有很多奇形怪状的、很不和谐的实验品。而我们生活着的大地虽然不像海洋那样富饶，可似乎更加适合生物的进化呢！在遥远的时期，有些十分奇特的生物差不多都已经消失殆尽了，留下的少数也都是那些原始的昆虫。而这些昆虫的技艺也十分有限，并且变态粗糙——更甚至没有变态的发生。

螳螂和鱼一样，都可以追溯到远古时代，而且它们的产卵数量都十分丰富呢！

我首先想到了螳螂。

修女螳螂就是其中的一分子了吧，无论是它的性情还是结构都是十分奇怪的。椎头螳螂也算是这其中的伙伴。

椎头螳螂的若虫是我见过最奇特的了。它有着纤细而又摇摆不定的特点，样子看起来也有些古怪。那些没有经验的人或许都不敢用手去触碰它呢！它们的样子是那样的奇怪，甚至吓坏了不少的小孩子，于是得到了小鬼虫这样的称呼。

从春天的五月到秋天，甚至是冬天里那些有着阳光的日子，人们都可以很轻易地看到它，但它们经常不是成群结队地出现，小家伙们十分害怕寒冷，最喜欢居住的地方就是干旱地上的那些硬草皮，或是石堆上那些细细的荆棘了。

让我们来看看它们到底是个什么样子吧！它的腹部几乎都快上翘到背上了，展开的时候就如同一把抹刀，而卷起来的时候又像是一个曲棍。它腹面上有着尖尖的小薄片，绽放的时候如同叶子，排成了三行。四根又长又细的腿向上竖立着，武装起来那就活像一只青蛙，连关节上都长着镰刀一样的薄片。

它的前胸长得十分奇特，几乎是垂直竖立在底座上的。而前胸的顶端就像是稻草一样又圆又细，若虫的捕捉器就在这里了。椎头蟑螂的前足与修女螳螂的前足是有些相似的，都是用来劫掠的。它那又尖又尖利的钩子是不争气的，像是锯齿，更像是一把凶恶的钳子。钳口的中央有一条小槽，每边都有五根长长的刺，里面还有着细小的锯齿。就连腿部的钳口处都有一条小槽，锯齿更加均匀，看上去令人心惊胆战。

它长着一个十分奇怪的头呢！不过它的头和这些装备相比似乎也是十分相称的。它的脸尖尖的，触角神气地翘了起来，看上去也像是一个铁钩一样。它那大大的眼睛凸了出来，前额上还有一把匕首！这简直是太奇怪了！可以称作闻所未闻。这个奇怪的帽子高高地耸立着，还左右扩张开来了，如同一对翅膀一样。

从五月到秋天，甚至是有着阳光的冬日，人们都
能看见螳螂的身影。这些怕冷的小家伙最喜欢待
在干燥的硬草皮和细细的荆棘中。

　　它顶端有一条小槽还是裂开的。这帽子是多么奇怪啊，那些魔术家和变戏法的似乎都没有过这样的帽子呢！可它们要这帽子到底有什么用？让我们来看一看吧。

　　它的装束是极其平常的，浑身几乎都是浅浅的灰色。若虫在后期蜕皮后，比成虫还要华丽的衣服就显露出来了，身上涂抹着彩色的颜色——绿色、白色、红色。在这个时候，我们可以根据触角来分辨雌雄螳螂。雌性螳螂的触角是丝状的，而雄性螳螂触角的下半部分鼓胀了起来，如同一个小小的盒子，而未来它身上那无比华丽的装饰就是从这样的小盒子里生长出来的。

　　它就是椎头螳螂了。如果你在荆棘的草丛中看到它，会发现它在自己四条高高的腿上来回地摇摆着，并轻轻晃着自己的头，用那种带着狡黠的眼神望着你。那奇怪的帽子在它脖颈的周围转来转去，然后伸到了肩膀上去打听陌生的消息，小脸上的表情透着顽皮的意味。可如果你想要抓住

这个家伙好好地研究一番，它就会马上将这种神气的炫耀姿势收起，低下自己的前额，抓住细细的树枝，大大方方地逃跑了！可如果你的目光稍微敏锐一些，小家伙就不会跑得很远，我就是这样将它捉住并放在网罩里进行观察的。

可是要怎样来喂养它们呢？我捕捉到的椎头螳螂还是比较小的，大概只有一个月大，最大的也不过两个月。我用那些个头差不多的蝗虫来喂它们，这已经是我找到的最小的一种蝗虫了，可椎头螳螂似乎没有将它们吃掉的欲望，甚至有些害怕这些小东西！如果哪知蝗虫冒失或友好地接近一只正挂在网罩上的椎头螳螂，那么它所受到的招待也是有些糟糕的。椎头螳螂的帽子会在这个时候奋拉了下去，并远远地撞了过去！不过这样我便明白过来了，它们那奇怪的帽子其实是保护自己的武器，就相当于士兵保护自己的刀子一样。

它们并没有可以吃的东西，我又捉了活的苍蝇给它们，而这次它们一点也没有犹豫地就接受了。这些长着翅膀的苍蝇们从它们的身边飞过，椎头螳螂就转动着自己的脑袋，根据倾斜的程度弯向了前胸，探出了自己的捕捉器并抓住了眼前的猎物，动作是极其敏捷的。虽然猎物非常小，可

椎头蟑螂总是高高抬起四条细腿，轻轻晃悠着头部，用狡黠的目光打量着周围的一切。

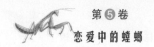
饱餐一顿还是足够了。吃上这样的一只苍蝇足够椎头螳螂撑上一天甚至很多天了，这种有着如此厉害装备的昆虫竟然有着如此小的胃口，这件事情着实让我吃了一惊。

秋末过去了，椎头螳螂吃得越来越少，它们在网纱上一动也不动。这绝食却给我带来了很大的帮助。苍蝇越来越少，我无法非常殷勤地继续为它们提供食物了。

冬天的时候几乎没有什么样的变化，如果天气很好，我就会不时地将网罩放在窗台上晒太阳。它们在这样温暖的环境中会伸展自己的身体并左右地摇摆着，可依旧没有一点食欲，我辛苦捉来的苍蝇根本无法引起它们的食欲了。似乎对它们来说，绝食来度过冬天是一个再正常不过的事情。我根据在网罩里饲养的情况对它们有了一定的了解。小椎头螳螂躲到了石缝里，在麻木的状态下等待着春天的来临。虽然它们可以得到石头的庇护，可霜冻的时期是非常长的。不过这并没有关系，它们看起来是十分强大的，会随时从藏身的地方走出来，来打听春天的消息。

春天真正来临的时候它们开始骚动了，完成了巨大的转变，也就是在这个时候它们需要吃东西了，所以我又要开始操心食物的事情，要抓住家里的苍蝇原本是件很容易的事情，可它们此刻竟然没了影子。所以我只得把一些尾蛆蝇抓来，但椎头螳螂却并不接受。

但它们十分乐意地接受了几只小的蟊斯。但网罩里这种意外的财富实在是太少，这样一来椎头螳螂似乎又要绝食了，直到春天的时候一种蝴蝶的出现——菜花上的粉蝶。对于椎头螳螂来说，这似乎就是最好的食物了。它们将粉蝶抓住却又立刻放开，这是因为它们现在并没有将粉蝶制服的能力。可尽管如此，费了一些功夫的椎头螳螂还是很快将它们制住了，与咬碎那些苍蝇一样，粉蝶非常适合小椎头螳螂的胃口，它们吃得比之前还要津津有味，在吃饱后还会将那些残渣保留起来。

它们吃掉了粉蝶的前胸，留下了肚子、中胸和足，还有一点翅膀是几乎没碰就扔掉了。虽然粉蝶的肚子里有丰富的肉，可椎头螳螂却是不

接受的。可它们在吃苍蝇的时候连最后一小块都要吃光，这又是为什么？我认为这是一种战略。

注意到了这点后，我发现无论哪种昆虫都会被它们从脖颈后的部位抓住，第一口咬到的地方就是神经结，这样可以很快让自己的猎物死去。猎物已经在那里不动了，这样捕食者可以非常安静地享用了，这个条件应该就是它们就餐时所必须的吧。

椎头螳螂看上去虽然有些软弱，可摧毁猎物的方法它们却完全地掌握了，首先是咬住猎物的脖子，然后从周围的部分开始咀嚼。等到粉蝶胸部和头已经被吃光后，它们就饱饱的了。可它们吃得实在是太少，那些剩下的猎物就被它们放在了地上。这并不是因为这些地方不好吃，而是这个小家伙已经实在无法吃下去了，粉蝶远远超过了它们胃的容量。

小椎头螳螂从头至尾在网罩里栖息的姿势都没有发生任何的改变，它们用四只后腿钩在网纱上，盘踞着，背部朝下，就这样利用这四个点悬挂着，一动不动地支撑着自己的身体，如果想移动的话，它们会打开自己前面的足，伸长，再抓住一个网眼，并将身体拉上去，就这样完成了短距离的移动。

虽然这种倒挂的姿势是十分艰难的，可它们倒挂的时间却一点也不短，甚至会用这种姿势在网罩里持续十个多月！中间也从来没有间断过。虽然苍蝇也可以在天花板上保持这样的姿势，可它们中间会时不时地停下来歇息一下，或者飞一会儿。

椎头螳螂就是用这样特殊的姿势坚持了整整十个月。它背部朝下地

小椎头螳螂在网罩中始终保持着同一个姿势，它用
四只后腿钩在网纱上，盘踞着，背部朝下，利用这
四个点支撑着身子，一动不动地倒挂着。

悬挂在上面，进行生活所需的一系列动作，直到死去。当它们爬上去的时
候还是很年轻的，可如果从上面掉了下来就说明——它们已经老了，而且
已经变成了一具尸体。